侵略的外来植物図鑑

中国における代表的142種

万方浩　劉全儒　謝明　等 著

林蘇娟 監修

林蘇娟　林元寧 翻訳

科学出版社 東京

序　文

国際的な貿易や観光、人と物の交流が拡大するにつれて、世界のグローバル化が迅速に進む一方、外来有害生物種の侵入が著しく増加している。それらの侵入はすでに地球上の既存の生態と生物の安全を脅かしている。中国は外来侵入種の被害が深刻化する地域の一つであり、これまでに確定された500種余りの外来種の中で、外来植物は230種余りを占める。

　これら外来植物は中国の農業生産や生態環境に甚だしい被害をもたらしており、主に下記のような被害が見られる。

1.　生態環境が激しく破壊され、生物の多様性が脅かされる。外来植物が在来種のニッチを巡って競争し、あるいは占拠することにより、在来種が排除され、集団や群落、生態系の構成、あるいは機能もが変えられる。結果として、生態系の単一化や退化が引き起こされる。

2.　巨大な経済損失を招く。中国で外来種によってもたらされた直接的または間接的な損失は毎年のGDPの1.36%を占めると言われる。

3.　人間と家畜の健康を酷く脅かしている。例えば、ブタクサの花粉はアレルギー性喘息、鼻炎、皮膚炎を引き起こすだけでなく、毎年の同時期に症状を再発させ、そして、それは年々重くなる。さらに、肺気腫や心臓病の合併症ないし死にも至る。ドクムギにはテムリンが含まれている。人が4%のドクムギ粉を誤食すると、めまい、意識不明、吐き気、嘔吐、痙攣などの症状が現れる。重度の場合は中枢神経系が麻痺し死に至る。悪質な外来種セイバンモロコシが家畜に誤食されたり、その花粉が吸い込まれると、下痢、喘息、鼻出血、化膿が引き起こされ、特に馬の致死率が高くなる。

　外来種がもたらす危害をいかに予防、制御するかは、すでに各国の政府、科学技術領域、公など広範囲に注目されている問題である。有効に外来種を予防、制御するため、第一線の基礎資料が必要であり、各外来種の分布、ニッチ、数、危害となる原因と被害状況などの実態を明らかにしなければならない。中国政府は外来種の研究を非常に重視し、科学技術部が2006年に「中国外来侵入種およびその安全性の考査」のプロジェクトを推進して、海南省、広東省、福建省、浙江省、重慶市などにおいて全面的に外来種の調査を行った（2006FY111000）。プロジェクトグループの調査と、長年の全国の他地域の調査研究に基づいて、142種の重要な外来植物の種子、苗、花、個体および集団の700枚余りの貴重なカラー写真を編集し図鑑にまとめた。これらの外来種の分類、識別特徴、被害症状などの基本データを紹介している。図鑑の科の配列については、収録の植物の数の多い順、種の数が同じ場合は危害レベル順で、危害が大きなものを先に置く方法で配列している。また、属、種の配列も主に危害のレベルによって決める。ただし、比較をしやすくするために同じ属の植物は同所に配列する。科の概念は伝統的エングラー系統を採用する。属、種のラテン語学名はなるべく『中国植物誌』あるいは現有の参考書に従う。外来植物の中国でのおおむねの分布状況は分布図で示している。外来種が確認できた地域を色分けしており、実際に外来種が占める面積ではない。

　いまだに外来植物の判定基準が統一されていない状況を鑑み、本図鑑は下記の三つの原則に従って整理する。

1：外来種である。つまり原産地は海外である。原産地不明の種類は収録しない。

2：自然生態環境に集団を形成し、かつ集団の面積が拡大の傾向にある。

3：現地の生態環境、生物多様性、農林業生産、家畜と人間へある程度の被害と影響を与えている。

　本図鑑のデータは、主に「中国外来侵入種およびその安全性の考査」のプロジェクト資料によるものである。プロジェクトに参加している北京、重慶、海南、福建、浙江、広東などの研究グループによって大量の調査データや写真が提供された。北京師範大学大学院生劉慧園、王箐蘭、傅嵐らは、本図鑑の作成のために、データの収集や整理を行った。中国農林科学院植物保護研究所冼曉青、王瑞博士は GIS ソフトを用いて本図鑑の分布図を作成した。張桂芬、郭建英、劉万学、周忠実、呂志創、郭建洋、張艶軍博士は部分の文章の編集、修正を担当した。また、本図鑑の作成は科技部、農業部の責任者および多数の同業者の多大な支持と協力を得た。科学出版社の編集王静、馬俊、李秀偉は本書の出版に尽力した。ここに感謝を述べたい。

　本書においては、文献・資料に不十分な点があり、侵入種の危害の程度に対する認識も著者の見解により異なるところもあるので、読者からのご指摘をいただけたら幸いである。

万　方浩

2011.7.

監修者はじめに

生物多様性条約第10回締約国際会議は2010年名古屋で開催された。そのうちの一つの大きい目標として「2020年までに侵略的外来種とその定着経路を特定し、優先度の高い種を制御・根絶すること」が採択された。外来種の中で、人間の活動（食、住、医 - 健康）、地域の自然環境に大きな影響または危害を与え、生物多様性を脅かす恐れのあるものは特に侵略的外来種と呼ばれる。日本では網羅された＜日本の帰化植物＞で約650余種が記載され、環境省・自然環境局のウェブサイトに特定外来生物の一覧が公表されている。しかし、地球規模の人間の活動、例えば移動、貿易、輸入などの物流によって、外来種が絶え間なく間接または直接的に侵入してしまうのが現実である。グローバルに情報を交換、共有することが迫られている。

近隣の中国では現在確認された約500余種の外来種のうち230種が侵略的植物と認定された。本書はその中から、詳細な情報が把握されている重要な142種を収録した図鑑である。

本書においては、

① 植物学図鑑としての機能：生物学的特徴、詳細な形態形質、近縁・類似種について識別のポイントを丁寧に記述し、植物専門家の視点から撮影された複数の写真（全体像、種の特徴、花、果実、種子などを示すクロスアップ写真）が示され、種の同定をしやすいように配慮されている。植物分類学的研究、野外の植物フローラ調査、外来種植物の形態観察のための良い図鑑である。

② 侵入種の分布（蔓延）に関する情報：侵入種の原産地、侵入の歴史と経路の記載、各種のページに産地の地図が示され、分布（蔓延）の状況が一目瞭然、さらに生息地の自然環境を記録しており、確実な分布、生態環境の情報を提供している。新しい地域への侵入と蔓延の防止と観測、特に植物の輸入、資源としての外来種の導入、入国時の植物検疫に参考資料として利用できる。

③ 侵入防止対策の検討と実施：侵入種が当地の生態環境、種の多様性に影響・危害する状況、蔓延防止・制御・除去の方法、使用する農薬の種類とその効果、利・害などを詳細に記録し、失敗例も成功の経験も提示している。農林生産園芸栽培、地方の政府機関の環境保全対策の策定に重要な参照資料になる。

1例を挙げると、本書に紹介されたスパルティナ・アングリカ（大米草）は80年代に干潟の安定化や耕地拡大開発のために中国で引種（育種）栽培に成功し、広い地域に推進されたが、現在では生態環境、漁業に悪影響を及ぼす有害な植物とされ、国際自然保護連合（IUCN）の世界の外来種ワースト100にも含まれている。本種の種子は、風、水流、水鳥への付着、散布、根茎の栄養繁殖などで侵入・蔓延しやすい一方、非常に駆除しにくい侵略的外来種である。本種は日本には侵入していないが、未然に防ぐために厳重に注意する必要がある。本書が中国の＜侵略的外来植物図鑑＞としてのみならず、侵略的外来種からの生物多様性の保全のため、'他山の石'の貴重な情報提供として、多数の読者に活用されることを期待する。

林　蘇娟

2015.8.12

目　次

序文 ……………………………………………………………………………………… 3
監修者はじめに ………………………………………………………………………… 5
凡例 ……………………………………………………………………………………… 13

■ハゴロモモ科（Cabombaceae）
001　ハゴロモモ（フサジュンサイ）　*Cabomba caroliniana* Gray ……………… 14
■コショウ科（Piperaceae）
002　イシガキコショウ　*Peperomia pellucida* (L.) Kunth ……………………… 16
■サトイモ科（Araceae）
003　ボタンウキクサ　*Pistia stratiotes* L. ………………………………………… 18
■ミズアオイ科（Pontederiaceae）
004　ホテイアオイ　*Eichhornia crassipes* (Mart.) Solms ……………………… 20
■イネ科（Gramineae）
005　タルホコムギ　*Aegilops tauschii* Coss. …………………………………… 22
006　カラスムギ　*Avena fatua* L. ………………………………………………… 24
007　ツルメヒシバ　*Axonopus compressus* (Swartz) Beauv. ………………… 26
008　パラグラス　*Brachiaria mutica* (Forsk.) Stapf …………………………… 28
009　イヌムギ　*Bromus catharticus* Vahl. ……………………………………… 30
010　シンクリノイガ　*Cenchrus echinatus* L. …………………………………… 32
011　コウベクリノイガ　*Cenchrus incertus* M. A. Curtis ……………………… 34
012　ホソノゲムギ　*Hordeum jubatum* L. ……………………………………… 36
013　ホソムギ　*Lolium perenne* L. ……………………………………………… 38
014　ドクムギ　*Lolium temulentum* L. ………………………………………… 40

CONTENTS

015 ホクチガヤ（ルービガセ）　*Melinis repens* (Willd.) Zizka
　　　[Syn. *Rhynchelytrum repens* (Willd.) C. E. Hubb.] ················ 42
016 ハイキビ　*Panicum repens* L. ················ 44
017 オガサワラスズメノヒエ　*Paspalum conjugatum* Bergius ················ 46
018 ササキビ　*Setaria palmifolia* L. ················ 48
019 セイバンモロコシ　*Sorghum halepense* (L.) Pers. ················ 50
020 スパルティナ・アルテニフロラ　*Spartina alterniflora* Loisel ················ 52
021 スパルティナ・アングリカ　*Spartina anglica* C. E. Hubb. ················ 54

■ ヒユ科（Amaranthaceae）
022 ナガエツルノゲイトウ　*Alternanthera philoxeroides* (Mart.) Griseb. ················ 56
023 マルバツルノゲイトウ　*Alternanthera pungens* H. B. K. ················ 58
024 イヌビユ　*Amaranthus lividus* L. ················ 60
025 オオホナガアオゲイトウ　*Amaranthus palmeri* S. Watson ················ 62
026 スギモリゲイトウ　*Amaranthus paniculatus* L. ················ 64
027 アマランサス・ポリゴノイデス　*Amaranthus polygonoides* L. ················ 66
028 アオゲイトウ　*Amaranthus retroflexus* L. ················ 68
029 ハリビユ　*Amaranthus spinosus* L. ················ 70
030 ハゲイトウ　*Amaranthus tricolor* L. ················ 72
031 ホナガイヌビユ　*Amaranthus viridis* L. ················ 74
032 ウスバアカザ　*Chenopodium hybridum* L. ················ 76
033 アリタソウ　*Dysphania ambrosioides* (L.) Mosyakin et Clemants
　　　(Syn. *Chenopodium ambrosioides* L.) ················ 78
034 センニチノゲイトウ　*Gomphrena celosioides* Mart. ················ 80

■ ツルムラサキ科（Basellaceae）
035 アカザカズラ　*Anredera cordifolia* (Tenore) Steenis ················ 82

■ サボテン科（Cactaceae）
036　センニンサボテン　*Opuntia dillenii* (Ker-Gawl.) Haw. [Syn. *O. stricta* (Haw.) Haw.]··· 84
037　ウチワサボテン　*Opuntia ficus-indica* (L.) Mill. ·· 86

■ ナデシコ科（Caryophyllaceae）
038　ムギセンノウ（アグロステンマ、ムギナデシコ）　*Agrostemma githago* L. ················ 88
039　サボンソウ　*Saponaria officinalis* L. ·· 90
040　ムベンハコベ　*Stellaria apetala* Ucria ex Roem. ·· 92
041　ドウカンソウ（オウフルギョウ）　*Vaccaria segetalis* (Neck.) Garcke ················· 94

■ オシロイバナ科（Nyctaginaceae）
042　オシロイバナ　*Mirabilis jalapa* L. ··· 96

■ ヤマゴボウ科（Phytolaccaceae）
043　ヨウシュヤマゴボウ　*Phytolacca americana* L. ··· 98

■ スベリヒユ科（Portulacaceae）
044　シュッコンハゼラン　*Talinum paniculatum* (Jacq.) Gaertn. ···························· 100

■ カタバミ科（Oxalidaceae）
045　ムラサキカタバミ　*Oxalis corymbosa* DC. ··· 102

■ トウダイグサ科（Euphorbiaceae）
046　ショウジョウソウ　*Euphorbia cyathophora* Murr. ·· 104
047　コバノショウジョウソウ　*Euphorbia dentata* Michx. ···································· 106
048　ショウジョウソウモドキ　*Euphorbia heterophylla* L. ···································· 108
049　シマニシキソウ　*Euphorbia hirta* L. ·· 110
050　コニシキソウ　*Euphorbia maculata* L. ··· 112
051　オオニシキソウ　*Euphorbia nutans* Lag. ··· 114
052　トウゴマ　*Ricinus communis* L. ·· 116

CONTENTS

■ **トケイソウ科 (Passifloraceae)**
053　クサトケイソウ　*Passiflora foetida* L. ……………………………………………… 118
054　スズメノトケイソウ　*Passiflora suberosa* L. ………………………………………… 120

■ **マメ科 (Leguminosae)**
055　キンゴウカン　*Acacia farnesiana* (L.) Willd. …………………………………… 122
056　カワラケツメイ　*Cassia mimosoides* L. ………………………………………… 124
057　ギンネム（ギンゴウカン）　*Leucaena leucocephala* (Lam.) de Wit. ……………… 126
058　ムラサキウマゴヤシ　*Medicago sativa* L. ……………………………………… 128
059　シロバナシナガワハギ　*Melilotus albus* Medic. ex Desr. ……………………… 130
060　キダチミモザ　*Mimosa bimucronata* (DC.) Kuntze (Syn. *M. sepiaria* Benth.) ……… 132
061　ブラジルミモザ　*Mimosa diplotricha* C. Wright ex Sauvalle
　　　　(Syn. *M. invisa* Mart. ex Colla) ………………………………………… 134
062　オジギソウ（ネムリグサ）　*Mimosa pudica* L. ………………………………… 136
063　ホソミエビスグサ　*Senna tora* (L.) Roxb. (Syn. *Cassia tora* L.) ……………… 138
064　ムラサキツメクサ　*Trifolium pratense* L. ……………………………………… 140
065　シロツメクサ　*Trifolium repens* L. …………………………………………… 142
066　ハリエニシダ　*Ulex europaeus* L. ……………………………………………… 144

■ **アサ科 (Cannabaceae)**
067　アサ　*Cannabis sativa* L. ………………………………………………………… 146

■ **イラクサ科 (Urticaceae)**
068　コゴメミズ（コメバコケミズ）　*Pilea microphylla* (L.) Liebm. ……………… 148

■ **フウロソウ科 (Geraniaceae)**
069　アメリカフウロ　*Geranium carolinianum* L. …………………………………… 150

■ ミソハギ科（Lythraceae）

070　ネバリミソハギ　*Cuphea balsamona* Cham. et Schlecht. ……………………………… 152

■ アカバナ科（Onagraceae）

071　イヌヤマモモソウ　*Gaura parviflora* Dougl. ……………………………………………… 154

072　メマツヨイグサ　*Oenothera biennis* L. ……………………………………………………… 156

073　ユウゲショウ　*Oenothera rosea* L'Hér. ex Aiton …………………………………………… 158

■ アブラナ科［Brassicaceae（Cruciferae）］

074　ナガミノハラガラシ　*Brassica kaber* (DC.) L. Wheeler (Syn. *Sinapis arvensis* L.) …… 160

075　カラクサナズナ　*Coronopus didymus* (L.) J. E. Smith ………………………………… 162

076　マメグンバイナズナ　*Lepidium virginicum* L. …………………………………………… 164

■ アオイ科（Malvaceae）

077　イチビ　*Abutilon theophrasti* Medic. ……………………………………………………… 166

078　ギンセンカ　*Hibiscus trionum* L. ………………………………………………………… 168

079　エノキアオイ　*Malvastrum coromandelianum* (L.) Gareke …………………………… 170

■ アオギリ科（Sterculiaceae）

080　コバンバノキ　*Waltheria indica* L. (Syn. *W. americana* L.) …………………………… 172

■ ムラサキ科（Boraginaceae）

081　ヒレハリソウ　*Symphytum officinale* L. ………………………………………………… 174

■ アカネ科（Rubiaceae）

082　ハシカグサモドキ　*Richardia scabra* L. ………………………………………………… 176

083　ヒロハフタバムグラ　*Spermacoce latifolia* Aublet
　　　［Syn. *Borreria latifoia* (Aublet) K. Schum］ ……………………………………………… 178

■ キツネノマゴ科（Acanthaceae）

084　アドハトダ・バシカ　*Adhatoda vasica* Nees …………………………………………… 180

CONTENTS

■ シソ科 (Lamiaceae)
085　ナントウイガニガクサ　*Hyptis brevipes* Poit. ……………………………………… 182
086　ニオイニガクサ　*Hyptis suaveolens* (L.) Poit. …………………………………… 184

■ オオバコ科 (Plantaginaceae)
087　ヘラオオバコ　*Plantago lanceolata* L. ………………………………………… 186
088　ツボミオオバコ　*Plantago virginica* L. ………………………………………… 188
089　セイタカカナビキソウ　*Scoparia dulcis* L. ……………………………………… 190
090　タチイヌノフグリ　*Veronica arvensis* L. ………………………………………… 192
091　オオイヌノフグリ　*Veronica persica* M. Pop. …………………………………… 194
092　イヌノフグリ　*Veronica polita* Pries ………………………………………… 196

■ クマツヅラ科 (Verbenaceae)
093　ランタナ (シチヘンゲ)　*Lantana camara* L. …………………………………… 198
094　フトボナガボソウ　*Stachytarpheta jamaicensis* (L.) Vahl. ……………………… 200

■ ヒルガオ科 (Convolvulaceae)
095　モミジヒルガオ　*Ipomoea cairica* (L.) Sweet …………………………………… 202
096　アサガオ　*Ipomoea nil* (L.) Roth ……………………………………………… 204
097　マルバアサガオ　*Ipomoea purpurea* (L.) Roth [(Syn. *Pharbitis purpurea* (L.) Voigt] ‥ 206

■ ナス科 (Solanaceae)
098　チョウセンアサガオ　*Datura metel* L. …………………………………………… 208
099　シロバナヨウシュチョウセンアサガオ　*Datura stramonium* L. ………………… 210
100　オオセンナリ　*Nicandra physaloides* (L.) Gaertn. ……………………………… 212
101　シマホウズキ　*Physalis peruviana* L. …………………………………………… 214
102　キンギンナスビ　*Solanum aculeatissimum* Jacq. (Syn. *S. khasiaum* C. B. Clarke) …… 216
103　キンギンナスビ (赤い実)　*Solanum capsicoides* All. …………………………… 218

104	ヤンバルナスビ *Solanum erianthum* D. Don	220
105	トマトダマシ *Solanum rostratum* Dunal.	222
106	スズメナスビ *Solanum torvum* Swartz.	224

■ **キク科 (Compositae)**

107	マルバフジバカマ *Ageratina adenophora* (Sprengel) King et Robinson (Syn. *Eupatorium adenophora* Sprengel)	226
108	カッコウアザミ *Ageratum conyzoides* L.	228
109	ムラサキカッコウアザミ *Ageratum houstonianum* Miller.	230
110	ブタクサ(豚草) *Ambrosia artemisiifolia* L.	232
111	クワモドキ(オオブタクサ) *Ambrosia trifida* L.	234
112	ホウキギク *Aster subulatus* Michx.	236
113	アメリカセンダングサ *Bidens frondosa* L.	238
114	コセンダングサ *Bidens pilosa* L.	240
115	ヒマワリヒヨドリ *Chromolaena odorata* (L.) King et Robinson (Syn. *Eupatorium odorata* L.)	242
116	アレチノギク *Conyza bonariensis* (L.) Cronq.	244
117	ヒメムカシヨモギ *Conyza canadensis* (L.) Cronq.	246
118	オオアレチノギク *Conyza sumatrensis* (Retz.) Walker	248
119	コスモス *Cosmos bipinnata* Cav.	250
120	ベニバナボロギク *Crassocephalum crepidioides* (Benth.) S. Moore	252
121	ヒメジョオン *Erigeron annuus* (L.) Pers.	254
122	キアレチギク *Flaveria bidentis* (L.) Kuntze	256
123	コゴメギク *Galinsoga parviflora* Cav.	258
124	ミカニア・ミクランサ *Mikania micrantha* H. B. K.	260
125	アメリカブクリョウサイ *Parthenium hysterophorus* L.	262

CONTENTS

126 プラクセリス・クレマティデア *Praxelis clematidea* (Crisebach) King et Robinson
(Syn. *Eupatorium catarium* Veldkamp) ······ 264

127 ノボロギク *Senecio vulgaris* L. ······ 266

128 セイタカアワダチソウ *Solidago canadensis* L. ······ 268

129 シマトキンソウ *Soliva anthemifolia* (Juss.) R. Br. ······ 270

130 ノゲシ *Sonchus oleraceus* L. ······ 272

131 フシザキソウ *Synedrella nodiflora* (L.) Gaertn. ······ 274

132 コウオウソウ *Tagetes patula* L. ······ 276

133 ニトベギク *Tithonia diversifolia* A. Gray ······ 278

134 フトエバラモンギク *Tragopogon dubius* Scop. ······ 280

135 コトブキギク *Tridax procumbens* L. ······ 282

136 アメリカハマグルマ *Wedelia trilobata* (L.) Hitchc. ······ 284

137 ケナシオナモミ *Xanthium glabrum* (DC.) Britton. ······ 286

138 イガオナモミ *Xanthium italicum* Moretti ······ 288

139 ヒメヒャクニチソウ *Zinnia peruviana* (L.) L. ······ 290

■ セリ科 (Apiaceae[Umbelliferae])

140 マツバゼリ *Apium leptophyllum* (Pers.) F. J. Muell. ex Benth. ······ 292

141 ノラニンジン *Daucus carota* L. ······ 294

142 オオバコエンドロ *Eryngium foetidum* L. ······ 296

形態形質による142種侵入植物の分類検索表 ······ 298

翻訳者あとがき ······ 308

参考文献 ······ 309

植物名和名索引 ······ 311

植物名中国語名索引 ······ 313

植物名学名索引 ······ 316

凡例
1. 本書は、『生物入侵：中国外来入侵植物図鑑』（科学出版社、2012年）の全訳である。
2. 日本語版作成にあたり、植物の掲載順をAPG Ⅲ分類の順にした。
3. 本文中の（ ）は、原書の注である。
4. 本文中の〔 〕は、翻訳者の注である。
5. 本書掲載の植物の和名、中国語名、学名索引を作成し、巻末に収録した。

001 ハゴロモモ（フサジュンサイ）

Cabomba caroliniana Gray

科　名	ハゴロモモ科 Cabombaceae
属　名	ハゴロモモ属 *Cabomba*
英文名	Fanwort, Washington Grass
中国名(異名)	水盾草、緑菊花草

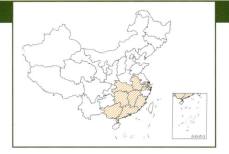

■形態的特徴

　水生草本植物である。茎は細長く、葉は沈水葉と浮水葉の二型である。沈水葉は対生し、円扇形で、掌状分裂する。裂片は3～4回の二叉分裂である。裂片は線形で、幅が2mmを超えない。浮水葉は少数で、枝の先端に互生し、葉身は狭楕円形で盾状につく。花は枝上部の葉腋に単生し、花各部の基本数は3である。花冠は白色で、雄しべは常に6個、心皮は3個である。種子は楕円形である。

■識別要点

　沈水葉は対生し、円扇形で3～4回の二叉分裂をする。花冠は白色である。

■生息環境および危害

　淡水に生息する。水槽用の観賞植物として引種された後に逸出して野生化したと思われる。アメリカ、オーストラリアなどの報告によれば、本種の侵入はダムや池などの水位の上昇、浸透漏れの増加を引き起こし、灌漑用の水路を塞ぎ、水の氾濫をもたらす。さらに本種植物は死滅後の大量の腐敗によって、酸素を消耗し、漁業に被害を与える。また、高密度の本種は湖泊とダムでの娯楽、漁業、美化機能を妨害する。オーストラリアでは、本種は在来種の水生植物に代わる勢いがあり、生物多様性に影響する。

■制御措置

　現時点で有効な駆除方法は、人工的に引き上げることである。アメリカ、オーストラリアなどでは、除草剤、排水、機械での引き上げ、草食性魚類による摂食など多種の方法で駆除しており、一定の効果がある。

■生物学的特性

　多年生の水生草本である。平野の河川、湖泊、運河と水路に生える。中国では通常は開花をするが、実らない。主に沈水葉の断片で繁殖・拡散する。

■中国での分布

　北京、湖北省、湖南省、安徽省、江蘇省（太湖流域）、上海（西部）、浙江省（杭嘉湖の平原と寧紹平原）、江西省、福建省、広西省、広東省では水槽の材料として販売されている。

■世界での分布

　アメリカの南部とブラジル原産。現在南米、アジア、アフリカ熱帯地域に広く分布する。水槽の観賞水草としてカナダ、日本、オーストラリア、東南アジアと南アジアに引種導入された。日本とオーストラリアではすでに帰化した。

■中国侵入の初記録

　1993年に浙江省の鄞県で初めて発見、1998年に江蘇省の呉県［現在蘇州市所属］太湖郷で標本が採集された。

■染色体数

　$2n = 39$, c78, c104 （$2n = 24$, 96または104の報告もある）。

14

002 イシガキコショウ

Peperomia pellucida (L.) Kunth

科　名	コショウ科 Piperaceae
属　名	サダソウ属 *Peperomia*（ペペロミア属）
英文名	Shiny Peperomia
中国名（異名）	草胡椒、透明草

■ 形態的特徴

　全株は淡緑色で、高さ5～40cmである。茎は直立、斜面を上昇または時に基部から水平方向に這える。下部寄りの節からよく生える不定根は円柱形、径1～2mm、分枝する。葉は互生し、卵形で、縦も横も1～3cm、先端は短く尖りまたは鈍形であり、基部は広ハート形で、薄くて折れやすい。葉柄の長さは8～10mmである。穂状花序は長さ1～6cm、直立し、枝の先端につく。花は小さく、両性花であり、花被片がない。雄しべは2個である。子房は楕円形で、柱頭は頂生である。果実は極めて小さく、球形であり、先端は尖り、径は0.5mmを超えない。

■ 識別要点

　茎は半透明状で、葉は多肉質である。穂状花序は直立し、枝の先端につく。

■ 生息環境および危害

　常に林下の湿地、石の隙間、建物の周り、圃場に生える。本種は土がついている苗木に付着して散布される。一旦適した環境に合えば、容易に蔓延して優勢な群落になり、生態系の構成と機能が破壊され

ることになる。現在は一般性の圃場の雑草にすぎず、重大な被害をもたらしてはいない。しかし、もし湿潤な山谷、森林に侵入すれば、蔓延する可能性がある。

■制御措置

検疫を強化する。開花前に人力で取り除く。

■生物学的特性

一年生多肉質草本である。湿潤な環境を好む。通常は毎年の春季1月と秋季の8月に開花する。本種は生命力が強い。風媒花であり、種子は極めて小さいので、散布されやすい。茎の下部の節から不定根を生じるので、栄養繁殖は旺盛である。

■中国での分布

雲南省（南部）、福建省、広東省、広西省、海南省、台湾、香港、北方地域の圃場の周辺に分布する。

■世界での分布

熱帯アメリカ原産。現在世界中の熱帯地域に広く分布する。

■中国侵入の初記録

1912年の『Flora of Kwantong and Hongkong』に記載された。香港では植物園の雑草になった。

■染色体数

$2n = 22$。

003 ボタンウキクサ

Pistia stratiotes L.

科　名	サトイモ科 Araceae
属　名	ボタンウキクサ属 *Pistia*
英文名	Water Lettuce
中国名（異名）	大藻、大叶莲、水莲花

■形態的特徴

　束状の須根を持つ。茎の節間は短縮する。葉は基部からロゼット状に簇生し、葉身は成長の段階により異なり、通常は倒卵状楔形、長さ2～8cm、先端円鈍または切形で、両面に白い細毛が一面に生える。葉鞘は托葉状であり、干燥膜質である。花序は葉腋につき、短い柄を持つ。仏炎苞が小さく、長さ約1.2cm、白色、外側に絨毛があり、下部が管状で、上部が展開する。肉穂花序の背面の2/3が仏炎苞と癒合する。雄花は2～8個上部につき、雌花は下部に単生する。果実は液果である。

■識別要点

　葉は茎の下部に対生、上部に互生、2～3回羽状分裂、裂片が条形（線形）である。雌雄同株、瘦果は倒卵形、倒卵形の総苞片に包まれる。

■生息環境および危害

　池、水田、溝などに生育し、流動の少ない静水、富栄養化の水体に生長し、特に水質が肥沃な水面に適する。本種は大量に水面を覆い、河川水路を塞ぎ、航運、農耕に影響する。水中の酸素の溶解量とpHを減少させ、浮遊生物の生長を抑制し、水産養殖に影響し、沈水植物を死亡させ、水生生態系に被害を与

える。本種は死亡後の残骸が腐敗すると二次汚染になる。

■制御措置

本種を有効に防除する適宜な除草剤はまだないため、最も有効な方法は人力による引き上げ、または一時的排水法で断水することで本種の生長を阻害し、駆除の目的を達する。

■生物学的特性

水中浮遊する草本植物である。高温多雨を好む。葉腋中から多数匍匐の枝を生じ、頂生芽から葉と根を発生して新株になる。種子でも繁殖する。花期は5～10月である。本種は繁殖が速く、2～3日のうちに倍増する。1株のボタンウキクサは8ヶ月の間に6万株になる。株は水の流動により容易に分離され、下流のダムや静水河川の湾に流される。

■中国での分布

チベット自治区（察隅）〔以下、チベットと省略〕、四川省、重慶、貴州省、雲南省（南部）、山東省、湖北省、湖南省、安徽省、江蘇省、浙江省、福建省、広西省、海南省、広東省、台湾、香港に分布する。北京にて栽培される。

■世界での分布

ブラジル原産。現在熱帯と亜熱帯地域に広く分布する。

■中国侵入の初記録

明の末期に中国に引種され、1893年に編纂された『本草綱目』に記載された。1950年代に豚の飼料として推進、栽培された。

■染色体数

$2n = 22$。

004 ホテイアオイ

Eichhornia crassipes (Mart.) Solms

科　名	ミズアオイ科 Pontederiaceae
属　名	ホテイアオイ属 *Eichhornia*
英文名	Water Hyacinth
中国名（異名）	凤眼蓝、凤眼莲、水胡芦、布袋莲

■形態的特徴

　根茎は粗短で須根を密生する。茎は長く、匍匐する枝が生える。根生葉はロゼット状に束生し、葉身は卵形、倒卵形から腎臓状円形で大きさは不揃い、幅4～12cmほど、光沢を帯び、葉脈は弧形、葉柄の基部は膨らんで浮き袋〔瓢箪形〕になり、紫紅色を帯びる。穂状花序は花を6～12個つけ、花被の裂片は6個、青紫で、上方の1枚は青紫色の中央に鮮やかな黄色の斑点がある。下方の5枚はほぼ同大で、雄しべは6個で3個が短く、他の3個がより長く花被の外に伸び出す。上位の子房は卵円形である。蒴果は卵形である。

■識別要点

　葉はロゼット状に束生し、葉脈は弧形、葉柄の基部は膨大して浮き袋〔瓢箪形〕状になり紫紅色を帯びる。

■生息環境および危害

　ダム、湖、池、水路などに生育する。生息の区域内ではいつも大面積に発生し、水面を覆う。水資源の利用などに影響を与える。例としては、①河道を塞ぎ、航運に影響し、灌水排水を阻害し、水産物の生産量を減少させ、農業、水産養殖業、観光業、電力業に極めて大きな経済損失をもたらす。②在来種の植物と光、水分、栄養および生長の空間を奪い合

い、当地の水生生態系を破壊し、生物多様性にとっての脅威となる。さらに、本種の植物体は重金属など有毒物質を大量に吸収して、死亡後に水底に沈み、水質の二次汚染を起こす。③大面積に水面を覆うため、周辺の住民と家畜の生活用水に影響し、蚊、蝿などが発生して人の健康を脅かす。

■制御措置

①人力での引き上げは有効な防除の方法である。②天敵を利用する。南米と中央アメリカ原産の専食性天敵ホテイアオイ・ゾウムシ〔*Neochetina eichhorniae*〕と同属の *Neochetina bruchi* の引種は、浙江省と福建省での導入で顕著な効果を得られた。③化学防止は 2,4-D ブチルエステル、パラコートジクロライド、グリホサートなどの除草剤を用いて速効かつ便利である。イマザピル〔Imazapyr〕を用いて本種の生長を抑制する。しかし、これらの除草剤を使用すると水中の酸素の溶解量とpHが減少し、水中生物の死亡率が高くなる。

■生物学的特性

多年生の水草である。高温、多湿の環境を好む。適応性が強く、主に母体から匍匐枝が分離する方法によって栄養繁殖をし、約5日中に個体数は倍増する。

■中国での分布

遼寧省、四川省、重慶、雲南省、貴州省、河南省、湖北省、湖南省、安徽省、江蘇省、上海、浙江省、江西省、福建省、広西省、広東省、海南省、台湾。

■世界での分布

アメリカ熱帯地域原産。現在世界の温暖地域に分布する。

■中国侵入の初記録

1901年に日本から台湾へ花卉植物として引種され、1950年代に豚の飼料として広く推進・栽培され、後に逸出して野生化した。

■染色体数

$2n = 32 = 18m + 12sm + 2T$,（$4x$）。

005 タルホコムギ

Aegilops tauschii Coss.

科　名	イネ科 Gramineae
属　名	エギロプス属 *Aegilops*
英文名	Goat Grass
中国名（異名）	节节麦、山羊草

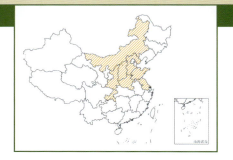

■形態的特徴

　草丈は 20 〜 40 cm である。稈は縦生、基部が彎曲する。葉鞘は緊密に稈を包み、光滑で無毛であるが、縁に繊毛がある。葉舌は膜質、長さ 0.5 〜 1 mm、葉片はややざらつき、腹面に疎らに柔毛がつく。穂状花序は円柱形、小穂が 7 〜 13 個あり、長さ約 10 cm、成熟時に節からバラバラになって脱落する。小穂は円柱形、長さ 9 mm、3 〜 5 個小花を持つ。頴は革質、長さ 4 〜 6 mm、通常 7 〜 9 脈あり、先端が切形、1 〜 2 鋸歯がある。外稃は先端やや切型で、長い芒があり、5 脈で、脈の先端だけが明瞭。内稃は外稃と同長、背中に毛がある。頴果は暗黄色。楕円形から長楕円形で、長さ 4.5 〜 6 mm、幅 2.5 〜 3 mm、縁の近辺に細い縦筋がある。

■識別要点

　穂状花序は円柱形、小穂が 7 〜 13 個あり、頴は革質、先端が切形、1 〜 2 鋸歯がある。

■生息環境および危害

　草地、ムギ畑、乾燥田圃に生息する。

■制御措置

　①引種導入を控える。パラコートジクロライドなどの除草剤を使用して防除する。

■生物学的特性

　一年草である。花・果期 5 〜 6 月、種子で繁殖する。耐乾燥である。

■中国での分布

　内モンゴル自治区〔以下、内モンゴルと省略〕、陝西省、山西省、河北省、山東省、河南省、江蘇省、重慶。

■世界での分布

　西アジア原産。

■中国侵入の初記録

　1959 年出版の『中国主要植物図説－イネ科』に記載された。

■染色体数

　$2n = 14 = 10m + 4sm$（2sat）。

006 ｜カラスムギ

Avena fatua L.

科　名	イネ科 Gramineae
属　名	カラスムギ属 *Avena*
英文名	Wild Oat
中国名（異名）	野燕麦、乌麦、铃铛麦

■形態的特徴

　草丈は 60 〜 120 cm である。ひげ根。稈は直立、光沢、2 〜 4 節がある。葉鞘はゆるく、葉舌は透明膜質、長さ 1 〜 5 mm、葉は扁平で、幅 4 〜 12 mm。円錐花序は開き、金字塔〔ピラミッド〕状、分枝に角稜があり、ざらつく。小穂は長さ 18 〜 25 mm、2 〜 3 個の小花からなる。花の柄は湾曲に垂れ下がり、先端が膨らむ。小穂の軸の節間に淡茶色または白色

の硬毛が密生する。穎は卵状または卵状被針形、通常9脈、縁辺は白色膜質、先端は長く尖る。外稃は硬質、5脈、内稃と外稃はほぼ同長、芒が稃の中部から伸び出し、長さ2〜4cm、屈曲してねじれる。

■識別要点

葉舌は透明膜質、円錐花序は開き、小穂の長さ18〜25mm、2〜3個の小花からなる。花の柄が彎曲して垂れ下がり、先端が膨らむ。

■生息環境および危害

道端や荒廃地に生える雑草である。根系が発達、分蘖力が強い一般性の雑草である。ムギ類、トウモロコシ、ジャガイモ、アブラナ、大豆、胡麻などの作物に被害をもたらすほか、大量の種子が作物に混入すると、作物の品質も下がる。

■制御措置

トリアレートを単独に使用することで効果が高い。これらの除草剤は小麦などの作物に安全である。本種の場合、1回の薬剤散布で、1シーズン有効である。

■生物学的特性

一年草である。道端、荒地、田圃の雑草である。根系発達、分蘖力が強い。花・果期は4〜9月である。

■中国での分布

黒竜江省、吉林省、遼寧省、内モンゴル、新疆ウイグル自治区〔以下、新疆と省略〕、寧夏回族自治区〔以下、寧夏と省略〕、青海省、甘粛省、陝西省、チベット、四川省、重慶、貴州省、雲南省、山西省、河南省、山東省、湖北省、湖南省、安徽省、江蘇省、浙江省、江西省、福建省、広西省、台湾。

■世界での分布

ヨーロッパ南部および地中海地域原産。現在世界各地に広く分布する。

■中国侵入の初記録

世界性の悪性農地雑草である。ムギの輸入によって転入されたようである。19世紀半ばに香港と福州で標本が採集された。

■染色体数

$2n = 42$。

007 ツルメヒシバ

***Axonopus compressus* (Swartz) Beauv.**

科　名	イネ科 Gramineae
属　名	アクソノプス属 *Axonopus*
英文名	Carpetgrass
中国名（異名）	地毯草

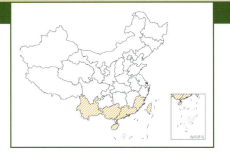

■形態的特徴

　草丈は15～50cmである。茎は長く匍匐し、節に根が発生して分枝する。稈は扁平、節に白い柔毛が密生する。葉鞘は疎松、扁平で背中に筋がある。葉舌は長さ約0.5mm、葉は薄質で柔らかく、先端円鈍、表面に通常柔毛があり、縁に細い繊毛がある。稈生の葉は葉身の長さ5～20cm、幅8～12mm、匍匐の枝に葉が短い。総状花序2～5本指状配列、最上2本は1対になり、通常長さ4～8cmである。小穂は長楕円状披針形、長さ2.2～2.5mm、穂軸の片側に着生し、疎らに柔毛を生じる。第1頴はない。第2頴は外稃と同長、先端が尖り、裏面に疎らに柔毛が着生する。頴果は楕円形、長さ1.8～2mm、先端に少数柔毛が疎らに着生する。

■識別要点

　茎は長く匍匐し、節に根が発生して分枝する。稈は扁平、総状花序2～5本指状配列、最上2本は1対になる。

■生息環境および危害

　中国の南部地域、標高800 m以下の低山丘陵地の溝の傍、湿潤の山地、開放の草地、果樹園、林内に生息する。

■制御措置

　引種を控える。グリホサートと芳香族の酸素フェノキシ・グループ・プロピオン酸塩 (aromatic oxygen-phenoxy group propionates) などの除草剤を使用して防除する。

■生物学的特性

　多年草中生草本である。温暖湿潤の気候を好む。地下水位の高い砂土壌または肥沃な砂土壌に適する。耐寒、耐湿ではない。花・果期は夏、秋である。種子または匍匐枝で繁殖する。

■中国での分布

　雲南省、福建省、広西省、広東省、海南省、台湾、香港。

■世界での分布

　熱帯アメリカ原産。

■中国侵入の初記録

　1940年台湾に導入、栽培された。

■染色体数

　$2n = 32 = 18\,m + 12\,sm + 2T.\ (4x)$。

008 パラグラス

Brachiaria mutica (Forsk.) Stapf

科　名	イネ科 Gramineae
属　名	ブラチアリア属 *Brachiaria*
英文名	Para Grass, Mauritius Singnal Grass
中国名（異名）	巴拉草

■形態的特徴

　草丈は 1.5 〜 2.5 m である。匍匐茎は長さ 4 m に達する。稈は直立し、基部が屈折する。節が土に着くと根が発生して分枝する。葉は線状披針形、長さ 10 〜 30 cm、幅 10 〜 20 cm、先端が徐々に尖り、基部は円形または半円形、両面がやや被毛する。葉舌は膜質、長さ 1 mm、房状である。葉鞘には疣状毛がある。円錐花序は頂生、10 〜 15 本の長さ 5 〜 10 cm の総状花序からなる。小穂はほぼ無柄、通常対になって着生し、長さ 3 〜 5 mm、幅 1.5 〜 2 mm。外穎は卵形で、長さが小穂の 1/3 であり、3 〜 5 脈ある。内穎は 7 脈で第 2 穎と同長である。第 1 小花は外稃しか持たなく、内穎と同長で 5 脈ある。第 2 小花外稃の先端鈍形、色が薄い。穎果は卵円形、長

さ約 2 mm である。
■識別要点
　稈は強靭、葉片の幅は 2 cm、葉鞘には疣状毛がある。10〜15 本の総状花序は主軸の片側に配列され、円錐花序になる。同属の侵入種ブラキアリア・エルシフォミス [*B. eruciformis* (J. E. Smith) Griseb.、臂形草] は中国の福建省、貴州省、雲南省などに分布する。本種との違いは、草丈 30〜40 cm、総状花序が 4〜5 本、小穂は通常単生、長さ約 2 mm、外頴が微小、長さは小穂の 1/10、無脈である。
■生息環境および危害
　一般性雑草である。荒野の草地または川辺の湿地に生える。被害は軽いが、通常単優勢の群落になるので、拡散の動向を監視する必要がある。
■制御措置
　引種を制限する。グリホサート除草剤を使用して化学的に駆除する。
■生物学的特性
　多年草である。南亜熱帯地域の水気、湿潤な環境に生息し、成長が速い。短日植物、翌年 1 月に開花する。匍匐の茎および種子で繁殖する。
■中国での分布
　広西省、広東省、海南省、台湾。
■世界での分布
　西アフリカ原産。現在アメリカ、アジアとアフリカ熱帯地域に広く分布または引種される。

■中国侵入の初記録
　1964 年海南省に導入、試植された。東南部沿海の多数地域に引種された。
■染色体数
　$2n = 36$。

009 イヌムギ

***Bromus catharticus* Vahl.**

科　名	イネ科 Gramineae
属　名	スズメノチャヒキ属 *Bromus*
英文名	Rescuegrass
中国名(異名)	扁穗雀麦

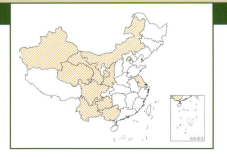

■形態的特徴

　背丈は約1m、時に2mに達する。ひげ根は発達、茎は直立縦生する。葉鞘は早期に柔毛に被われ、後に徐々に脱落する。葉舌は膜質で長さ2～3mm、細鋸歯がある。葉は披針形、長さ40～50cm、幅6～8mm。円錐花序は長さ20cm、展開しているが、少数の穂は緊密に配列され、小穂は極端に扁平、通常6～12個の小花、長さ2～3cm、幅0.8～1cm。頴は披針形、背中に微小刺毛があり、外頴は10～12mm、7脈を有し、内頴は外頴より長い、外桴の先端分裂のところから小さい芒状の尖りがあり、11脈、内桴が細く短小である。頴果は内桴に密着する。

■識別要点

　円錐花序は疎松で、小穂は極めて扁平、長さ2～3cm、幅0.8～1cm、通常6～12個の小花からなる。また同属の侵入植物にハタケブロムグラス（*B. arvensis* L.）とブロムグラス（*B. tectorum* L.）の2種があり、常にムギ畑に侵入する。ハタケブロムグラス（*B. arvensis* L.）は小穂の長さ12～22mm、5～8個の両性花からなり、外頴の長さ4～6mm、3脈、外桴の芒の長さ7～10mm、7脈であることが、ブロムグラス（*B. tectorum* L.）の小穂の長さ10～18mm、4～8個の両性花からなり、外頴は5～8mm、1脈、外桴の芒の長さ10～15mm、7脈

などの特徴と区別できる。
■生息環境および危害
　農地、畑、道端と草場の一般的雑草である。ある作物の病害虫の宿主である。
■制御措置
　導入を控え、開放地で牧草として、荒れ地に緑化用の草として利用する。
■生物学的特性
　一年草または二年草である。長江流域以南の地域で栽培すれば、4年まで成長できる。山地の蔭、または溝の傍に生長する。花・果期は4～5月、種子で繁殖する。耐寒、耐乾、陰湿な環境を好み、耐酸、耐アルカリ性でもあり、成長が速く、分蘖力が強く、繁殖が速くて、生産量が高いなどの特徴がある。冬、春にも常緑の状態を持ち、成長が良好である。
■中国での分布
　北京、内モンゴル、新疆、甘粛省、青海省、陝西省、四川省、雲南省、貴州省、江蘇省、広西省。
■世界での分布
　南アメリカのアルゼンチン原産。1860年代にアメリカに導入、現在オーストラリアとニュージーランド地域に広く栽培される。

■中国侵入の初記録
　1940年代末に初めて南京に導入され、後に北京、内モンゴル、新疆、甘粛省に導入され、一年草となる。四川省、雲南省、貴州省、江蘇省、広西省などの地域で栽培され、短期多年生草本となる。
■染色体数
　$2n = 14$。

010 シンクリノイガ
Cenchrus echinatus L.

科 名	イネ科 Gramineae
属 名	クリノイガ属 *Cenchrus*
英文名	Bear-grass
中国名（異名）	蒺藜草

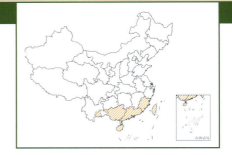

■形態的特徴

　草丈は15〜30 cmである。茎は扁円形、基部が屈折または地面に横這えて節から根が発生する。下部の各節から常に分枝する。葉は長さ5〜40 cm、幅3〜10 mm、葉鞘は背筋があり、葉舌は短く、繊毛がある。総状花序は頂生、長さ3〜10 cm、穂軸が太い。不稔の枝からなる刺総苞の中に小穂は2〜6個あり、楕円状披針形で徐々に尖り、長さ約4.5〜7 mm、1小穂では2小花から構成される。外穎は1脈、内穎は5脈があり、第1小花は雄性または中性であり、第2小花は両性である。刺を持つ総苞の柄には短毛が密生する。

■識別要点

　茎は扁円形、総状花序は頂生、不稔の枝からなる刺総苞の中に小穂が2〜6個ある。

■生息環境および危害

　通常、低海抜の耕地、荒地、牧場、道端、草地、砂丘、河岸と海浜砂地などに生息する。繰り返しの刈

り取りに強い。本種は落花生、サツマイモなど多種の作物耕地、果樹園に厳重危害を与える雑草の一つである。開拓したばかりの土地に侵入し、迅速に広がり、空間を占領する。本種も熱帯牧場の有害雑草であり、その刺苞は人と動物の皮膚を刺傷し、飼料または牧草に混入した際には、動物の目、口と舌を刺傷する。

■**制御措置**

植物検疫を強化する。一旦発見したら、結実の前に人力で抜き取る。

■**生物学的特性**

一年草である。湿潤の熱帯地域に通年開花する。種子で繁殖する。刺苞は大量微小な逆刺を持ち、衣服や動物の毛皮と貨物上に付着して散布される。種子はときどき刺苞内に発芽する。

■**中国での分布**

雲南省（南部）、福建省、広西省、広東省、海南省、台湾、香港。

■**世界での分布**

熱帯アメリカ原産。現在南緯33°から北緯33°の間の熱帯と亜熱帯地域に広く分布する。

■**中国侵入の初記録**

1934年台湾の蘭嶼から標本が採集された。

■**染色体数**

$2n = 34$。

011 ｜ コウベクリノイガ

Cenchrus incertus M. A. Curtis

科　名	イネ科 Gramineae
属　名	クリノイガ属 *Cenchrus*
英文名	Coast Sandbur, Common Sandbur, Field Sandbur, Mat Sandbur, Spring Bur Grass
中国名（異名）	少花蒺藜草、疏花蒺藜草、光梗蒺藜草、草狗子、草蒺藜

■形態的特徴

　草丈は30〜70cmである。根はひげ状、茎は円柱形、中空、半匍匐状である。葉は互生で棒状である。穂状花序は鋭く長い刺を多数持つ壷状の総苞に小穂1〜2個が包まれる。壷状の刺総苞は不稔の小穂の癒合からなり、球形、長さ6.2〜6.8mm、幅4.2〜5.5mm。刺の長さは2.0〜4.2mm、刺総苞および刺の下部に柔毛がある。小穂は卵形、無柄、長さ4.6〜4.9mm、幅2.5〜2.8mm。外頴は欠け、内頴と外稃とも3〜5本脈を持つ。外稃は硬質、背面平坦、先端が尖り、5脈である。内稃は凸起、2脈ある。頴果はほぼ球形、長さ2.7〜3.0mm、幅2.4〜2.7mm、黄褐色または黒褐色である。

■識別要点

　本種は刺総苞の剛毛に不明瞭な逆方向のざらざらした毛、刺総苞の裂片が2/3以下または中部まで癒合し、刺総苞の総柄が光滑無毛であるなどの特徴でシンクリノイガ（*Cenchrus echinatus* L.）と区別する。

■生息環境および危害

高度乾燥、乾燥砂質土壌の丘陵、砂岡、堤防、墓地、道端の両側、荒地、林間空地に生息し、農耕地にも分布する。本種は分蘖力が極めて強い。主に成熟した刺総苞は農民の生産活動、生活に支障を来たす。特に秋収穫の農作業のとき、刺総苞は体につきやすい。一旦刺されたら、皮膚が赤く腫れ、痒くて痛い。草場に侵入すると、家畜に多大な被害をもたらす。羊はこれを食すと口を刺傷し潰瘍になる。また胃腸に刺さると、損傷した胃の粘膜組織で草玉が結成され、消化不良になる。深刻な場合、胃穿孔で死に至る。刺総苞は羊毛に付着すると取れにくく、羊毛を傷めることになる。

■制御措置

現在は主に機械で駆除する。補助的に化学防除の方法も使って制御する。また中耕に合わせて、苗期の本種を取り除く。4枚葉期以前、根茎が大面積に張っていない時期が有利であり、機械的駆除と人力的除草を全面的に行う。化学的防除としては化学薬剤（シマジン 50%WP、トリフルラリン、ラッソー乳液）を使用して茎葉を処理する。

■生物学的特性

一年生乾燥性草本である。旺盛な生命力で、耐乾燥、耐貧栄養、耐寒、抗病、抗虫害、砂質の土壌にも適して生長する。

■中国での分布

遼寧省、北京、内モンゴル。

■世界での分布

北アメリカおよび熱帯沿海地域原産。

■中国侵入の初記録

1990年出版の『中国植物志』第10巻第1分冊に記載された。

■染色体数

$2n = 16$。

012 ホソノゲムギ

Hordeum jubatum L.

科　名	イネ科 Gramineae
属　名	オオムギ属 *Hordeum*
英文名	Foxtail Barley
中国名（異名）	芒麦草、芒穎大麦草

■ 形態的特徴

　草丈は30～45cmである。稈は叢生、直径1～2mm、3～5節である。上部の葉鞘は無毛、下部の葉鞘は通常微毛がつく。葉舌は乾燥膜質であり、切平形、長さ約0.5mmで、葉は扁平でざらつく。穂状花序は柔軟、穂軸が節から脱落しやすく、稜に短硬な繊毛がある。穂軸の節ごとに3小穂があり、両側の小穂が1mmの柄を持ち、その小花は通常退化して芒状になる。稀に雄花になる。外稃は広披針形、5脈、長さ5～6mmであり、先端に1本長さ7cmに達する細く柔らかい芒がある。内稃は外稃と同長である。穎果は長楕円形、長さ3～3.5mm、幅0.8

～ 1.1 mm、淡褐色、先端円鈍で、黄色毛を持つ。
■識別要点
　穂状円錐花序は頂生する。穂軸の節ごとに3小穂があり、両側の小穂が1mmの柄を持つ。芒は細長く、柔軟で、長さ4.5～6.5mmである。
■生息環境および危害
　農耕地、畑、道端に生息する。畑の雑草である。
■制御措置
　引種導入を控え、フェノキサプロップエチルを使用して化学的防除をする。人力的に駆除する。
■生物学的特性
　二年生草本である。初夏に出穂、種子で繁殖する。
■中国での分布
　黒竜江省、吉林省、遼寧省。
■世界での分布
　アメリカ、ヨーロッパ原産。

■中国侵入の初記録
　1959年出版の『中国主要植物図説－イネ科』に記載された。
■染色体数
　$2n = 28$，$(4x)$。

013 ホソムギ

Lolium perenne L.

科　名	イネ科 Gramineae
属　名	ドクムギ属 *Lolium*
英文名	Italian Ryegrass
中国名（異名）	黑麦草

■形態的特徴

草丈は30〜90 cmである。稈は叢生、3〜4節である。葉身（片）は線形で柔らかく、長さ10〜15 cm、幅3〜5 mmとなる。穂状花序は長さ10〜20 cm、幅5〜8 mmである。小穂は長さ10〜18 mm、幅3〜5 mm、7〜11個の小花をつける。小穂は軸の節間の長さ約1 mm、光滑無毛である。内穎は質が硬く、披針形、5脈、狭膜質の縁で、長さが小穂の1/3である。外穎は披針形、5脈、質が薄く、先端が透明膜質であり、基盤が微小である。第1小花の外穎は7 mmほど長く、芒がない。内穎はほぼ外穎と同長、縁辺が内巻きに折れ、背稜に短繊

毛がつく。穎果は長さ 2.8～3.4 mm、幅 1.1～1.3 mm、茶褐色または濃茶色で、先端に柔毛があり、腹面が凹む。

■識別要点

穂状花序は多数の小穂が互生し、各小穂が通常 7～11 個の小花をつけ、側扁、外穎は退化し、内穎は小穂より短い。外稃に芒がない。ネズミムギ（*L. multiflorum* Lamk.：多花黒麦草）は外稃の先端に長さ約 5～15 mm の細い芒があることで本種と区別できる。

■生息環境および危害

農地、草地、道端に生息する。馬鹿苗病〔赤霉菌〕と冠さび病などの病原菌の宿主である。

■制御措置

荒山緑化のため導入することを控え、グリホサートとパラコートジクロライドなどの除草剤を使用して、化学的防除を行う。

■生物学的特性

多年草である。種子で繁殖する。果期 6～7 月。土壌瘠せに耐え、抵抗性が強い。

■中国での分布

黒竜江省、吉林省、遼寧省、河北省、北京、内モンゴル、新疆、甘粛省、陝西省、四川省、雲南省、貴州省、山西省、山東省、河南省、湖北省、安徽省、江蘇省、浙江省、江西省。

■世界での分布

ヨーロッパ原産。

■中国侵入の初記録

1959 年出版の『中国主要植物図説—イネ科』に記載された。

■染色体数

$2n = 14 = 8m + 6sm (2sat)$, $(2x)$。

39

014 ドクムギ

Lolium temulentum L.

科　名	イネ科 Gramineae
属　名	ドクムギ属 *Lolium*
英文名	Poison Ryegrass
中国名(異名)	毒麦、黑麦子、小尾巴麦、闹心麦

■形態的特徴

　草丈は20〜120cmである。茎はゆるい叢生をして直立し、3〜4節である。葉鞘は通常節間より長い。葉舌は長さ1mmである。葉身（片）は披針形、無毛またはややざらつき、長さ6〜60cm、幅3〜13mmとなる。穂状花序は長さ5〜40cm、穂軸が波状に曲がり、8〜19個の小穂が互生する。単生で無柄の小穂は小花を2〜6個つけ、側扁である。外頴は退化し、内頴は5〜9脈、長さ8〜10mmである。外桴は5脈、長さ約6mm、長さ7〜15mmほどの芒がある。頴果は長楕円形、長さ4〜6mm、緑色で紫褐色を帯びる。

■識別要点

　穂状花序は8〜19個の小穂が互生する。単生で無柄の小穂は小花を2〜6個つけ、側扁である。外頴は退化し、内頴は小穂より長い。外桴は長さ7〜15mmほどの芒がある。同属にまたヨーロッパドクムギ（*L. persium* Boiss et Hoh. ex Boiss）、ハタケドクムギ（*L. arvense* With.）、ホソドクムギ（*L. remotum* Schrank）などの数種がムギなどの種子と一緒に中国に侵入し、検疫する雑草としてリストアップされた。

■生息環境および危害

　農耕地に混生して、麦類作物の深刻な減産の原因となる。種粒が真菌類（*Stromatinia temulenta* Prill. ft Del.）に侵入感染されると、菌の出すテムリン（Temuline）が人の中枢神経を麻痺させる。人は4％以上のドクムギが混入された小麦粉を食すと中毒になる。ドクムギを飼料に混入すると、家畜、家禽も中毒する。

■制御措置

　植物検疫を強化し、新しい区域への伝播を防止する。ドクムギが混入するムギの種子を使用しないようにする。麦畑の管理中にドクムギを発見したら即時に引き抜く。春ムギ畑を秋耕して、ドクムギを発芽させ、冬季を経て低温で凍死させる。

■生物学的特性

　一年草〜越年草で、適応性が強い。分蘖力が強い。種子はムギより早熟、成熟した後に穎片と一緒に脱落する。種子で繁殖する。

■中国での分布

　黒竜江省、吉林省、遼寧省、河北省、北京、内モンゴル、新疆、甘粛省、陝西省、青海省、四川省、雲南省、山西省、山東省、河南省、湖北省、安徽省、浙江省、江西省。

■世界での分布

　ヨーロッパ原産とされるが、CIS〔独立国家共同体〕の各国、北アメリカ、日本、アルバニア、フランス、メキシコ、アルゼンチンなどにも分布する。

■中国侵入の初記録

　1954年にブルガリアから輸入されたムギから発見された。

■染色体数

　$n = 7$。

015 ホクチガヤ (ルービガセ)

Melinis repens (Willd.) Zizka
[Syn. *Rhynchelytrum repens* (Willd.) C. E. Hubb.]

科　名	イネ科 Gramineae
属　名	ホクチガヤ属 *Melinis*
英文名	Natal Grass, Ruby Grass, Creeping Rhynchelytrum
中国名(異名)	紅毛草

■形態的特徴

　草丈は40〜100 cmである。稈は直立、よく分枝する。節間に疣状毛があり、節に軟毛がある。葉鞘はゆるく、下部に疣状毛が散在する。葉は線形、無毛、長さ20 cm、幅2〜5 mmである。円錐花序は展開し、長さ約10〜15 cm、分枝が長く8 cmに達する。小穂の柄は繊細、先端がやや膨らみ、長柔毛が疎らに生える。小穂は両側に圧着扁平、長さ約5 mm、ピンク色のシルク状長毛を持ち、小花が2個あるが、第2花のみ結実する。外穎は小さく、小穂の長さの1/5となり、1脈、短硬毛を持つ。内穎は外穎と相似で5脈、基部疣状長絹毛を持ち、先端が微裂、歯裂間に1 mmの芒がある。内穎は膜質、二つの背筋があり、筋に毛がある。外稃は厚く紙質、内稃を巻き抱く。雄しべは3枚、花柱分離、柱頭が羽毛状である。

■識別要点

　円錐花序は展開し、小穂はピンク色のシルク状長毛を持つ。

■生息環境および危害

　川辺、山地や草地に生息する。畑に侵入した事例はいまだない。一般的雑草である。広東省東江流域

に道路沿いに蔓延し、南北方向に拡散し、生態環境にある程度の影響を与える。

■**制御措置**

引種導入を控える。

■**生物学的特性**

多年草である。繁殖力と適応力が強い。花・果期6〜11月。種子で繁殖する。

■**中国での分布**

広東省、台湾。

■**世界での分布**

アフリカ原産。観賞植物と牧草として広く引種され、現在全世界の熱帯地域に広く分布する。

■**中国侵入の初記録**

1950年代に観賞植物と牧草として引種され、後に野生化し、一部地域の群落の優勢種となる。

■**染色体数**

$2n = 36$。

016 ハイキビ
Panicum repens L.

科　名	イネ科 Gramineae
属　名	キビ属 *Panicum*
英文名	Torpedograss
中国名(異名)	铺地黍、匍地黍、硬骨草

■形態的特徴

　草丈は 30 〜 100 cm で、地下茎が発達する。稈は直立、硬質で節が多い。葉鞘は光沢、縁辺に繊毛がある。葉舌は長さ約 0.5 mm、先端に毛があり、葉は硬質、線形、長さ 5 〜 20 cm、幅 3 〜 6 mm、乾燥時に内巻きとなる。表面はざらつきまたは被毛する。円錐花序は展開し、長さ 10 〜 30 cm、主軸は直立し、分枝は斜めに開き、ざらつく。小穂は楕円形、先端が尖り、無毛、長さ約 3 mm。外穎の長さは約小穂の 1 / 4 で、3 本脈を持ち、先端切型または円鈍、脈が不明瞭である。内穎は小穂と同長、7 〜 9 本の脈を持ち、先端が尖る。第 1 花は雄性、外稃は内穎と同長同形、やや広い。内稃が膜質で、外稃とほぼ同長である。雄しべは 3 個、葯が黒褐色。第 2 小花は楕円形、先端が尖り、長さ 2.2 〜 2.5 mm、平滑で光沢である。

■識別要点

　稈は直立、硬質である。円錐花序は開き、小穂が柄を持ち、二つの花を持ち、第 1 小花不稔、外稃の長さは小穂の 1 / 4 あり、第 2 小花は楕円形、平滑

光沢である。同属の外来種ギニアグラス（*Panicum maximum* Jacq.）は台湾、香港に常見の雑草になったが、福建省、広東省、広西省、海南省、雲南省にて栽培され、または野生化して雑草になる。稈は直立で、高さ1〜3 m、円錐花序の分枝が丈夫で、第2小花（種子）に横皺があることで本種と区別する。

■**生息環境および危害**

道端、山地、草地、近海の砂地に生息し、乾燥した農地、稲田圃、果樹園、茶園、桑園と平地のゴム園にも分布する。本種は成長が速く、地下茎が丈夫で土の深くまで伸び、ほかの作物の根も突き通って、土壌から大量に栄養分を奪う。地上部はほかの植物の茎葉を覆うようになり、田圃の通風、透光の不良など、作物の生長発育に影響する。山地の作物やゴム園、各種の果樹園、茶園、桑園に被害をもたらす。広東省の湛江地域と海南地域に乾燥地の作物に比較的厳重な被害を与えている。また、芝地の有害雑草の一つである。本種は作物に侵入すると、瘟病、さび病、黒粉病を誘発し、また、本種はコブノメイガの宿主である。

■**制御措置**

人力で駆除する。現時点で理想的な除草剤はいまだ発見されていない。

■**生物学的特性**

多年生湿生、中生草本である。海辺や湿潤な土地に生息し、よく乾燥作物地にも侵入する。花・果期は5〜11月。地下茎と種子によって繁殖する。成長は迅速、再生力が強く、根絶が困難である。

■**中国での分布**

華南、華東地域。

■**世界での分布**

ブラジル原産。現在熱帯と亜熱帯地域に広く分布する。

■**中国侵入の初記録**

1857年に香港で発見された。

■**染色体数**

$2n = 18$，（$2x$）。

017 オガサワラスズメノヒエ
***Paspalum conjugatum* Bergius**

科　名	イネ科 Gramineae
属　名	スズメノヒエ属 *Paspalum*
英文名	Sour Paspalum
中国名(異名)	两耳草、叉子草、八字草

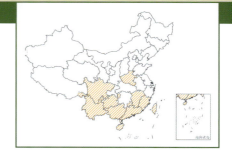

■ 形態的特徴

　草丈20～50cmに達する。茎は細長く匍匐し、扁平でほぼ中空ではない。葉鞘はゆるくて背部に筋があり、無毛または縁辺に繊毛がある。葉舌は扁平、短小で長い繊毛がある。葉は披針形～線状披針形、扁平で薄質、長さ5～20cm、幅5～10mm、無毛または疣状毛があり、縁辺に繊毛がある。総状花序は普通2本で繊細、対生または叉状に分かれて伸びる。花序の長さ6～12cm、穂軸の幅0.8mm、縁辺がざらつく。小穂は2列で瓦重ね状配列、卵円形、長さ1.5～1.8mm、長さ1mmの柄があり、外穎は退化し、内穎は外稃に似て薄質、脈が不明瞭であり、内穎の縁辺にシルク状の柔毛があり、内稃は硬い。種子は小穂とほぼ同じ長さで、扁平または片面がやや膨らむ。

■ 識別要点

　稈は扁平、総状花序は普通2本で繊細、対生または叉状に分かれて伸びる。小穂は2列瓦重ね状配列である。同属の侵入植物シマスズメノヒエ（*P. dilatatum* Poir.）、パスパルム・フィムブリアツム（*P. fimbriatum* H. B. K.、裂穎雀稗）がある。シマスズメノヒエも多年生草本であり、稈は叢生で短い根茎を持つ。総状花序は4～10本、主軸に互生する。小穂は長さ3～4mm、広東省（広州）、湖北省（武昌）、上海、台湾、雲南省、浙江省などに野生化した。パスパルアム・フィムブリアルムは一年草で、小穂の長さ2mm、無毛、内穎と外稃の縁辺に幅約1mmの硬い翅を持ち、台湾地域で野生雑草になった。

■ 生息環境および危害

　田圃、広野などの湿潤環境に生息する。よく標高2,000m以下の林縁、湿地で一面に生える。本種は匍匐の枝により蔓延し、大量に発生すると土壌の栄養を消費する。農地、果樹園に侵入すると、作物の生産量が減る。

■ 制御措置

　果樹園や樹木園に生息する本種を防除するのに最も有効的な除草剤はグリホサートの水溶剤である。

　また、グリホサートの水溶剤を、本種が成長旺盛で開花する前に噴霧することが有効な防除方法である。

■**生物学的特性**

　多年生草本である。花・果期7〜9月、種子または匍匐茎で繁殖する。

■**中国での分布**

　チベット（東南部）、四川省、貴州省、雲南省、河南省、湖南省（南部）、江西省、福建省、広西省、広東省、海南省、台湾、香港。

■**世界での分布**

　熱帯アメリカ原産。現在南北半球の熱帯地域に広く分布する。

■**中国侵入の初記録**

　1912年香港で報告された。

■**染色体数**

　$2n = 40$。

018 | ササキビ

Setaria palmifolia L.

科　名	イネ科 Gramineae
属　名	エノコログサ属 *Setaria*
英文名	Palm Grass
中国名（異名）	棕叶狗尾草

■形態的特徴

　草丈は1〜1.5mである。稈は直立、径3〜7mm、葉鞘は無毛または疣状毛がある。葉舌は長さ1mm、繊毛がある。葉は広披針形、長さ20〜40cm、幅2〜6cm、縦皺がある。円錐花序は頂生で、長さ20〜40cm、分枝がやや疎らにある。小穂は卵状披針形、長さ3.5〜4mm、剛毛の長さは5〜15mmである。外頴は卵形、小穂の1/2以下の長さで、3〜5脈である。内頴は5〜7脈、その長さは小穂の1/2から3/4である。外稃は小穂とほぼ同長、5脈、内稃は膜質、やや短い。雄しべは3個、葯の長さは1.3〜1.5mmである。頴果は卵状披針形、長さ2〜3mmである。

■識別要点

　株は高大、葉は幅2〜6cm、縦皺がある。円錐花序は密集しない。小穂に剛毛ある。

■生息環境および危害
　畑、果樹園、林縁に生息する。在来種植物と土壌の水分と栄養分を奪い合う。
■制御措置
　導入を控え、グリホサート類除草剤を使用して化学的に防除する。
■生物学的特性
　多年草である。花・果期 8 〜 11 月、温暖湿潤の気候を好む。

■中国での分布
　四川省、重慶、雲南省、貴州省、広西省、湖南省、浙江省、江西省、福建省、広東省、海南省。
■世界での分布
　アフリカ原産。現在大洋州（オセアニア）、アメリカ、アジアの熱帯、亜熱帯地域に広く分布する。
■中国侵入の初記録
　1956 年出版の『広州植物志』に記載された。
■染色体数
　$2n = 18$。

019 セイバンモロコシ

Sorghum halepense (L.) Pers.

科　名	イネ科 Gramineae
属　名	モロコシ属 *Sorghum*
英文名	Johnson Grass, Egyptian-grass
中国名(異名)	假高粱、石茅、约翰逊草、宿根高粱、阿拉伯高粱

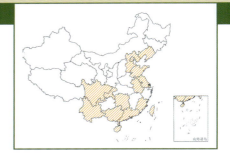

■形態的特徴

　草丈は1〜2mで根茎を持つ。茎は直立する。葉は広線形、長さ20〜70cm、幅1〜2.5cm、中脈は白色で、葉舌の縁に短毛がある。大型の花序は淡紫色または紫黒色で、円錐状であり、花序の分枝はほぼ輪生し、主軸と接するところに常に白い柔毛がつく。小穂は対になり、片方は有柄、もう片方は無柄である。無柄の小穂は楕円形、長さ5.5cm、両頴はほぼ革質、同等長、または内頴はやや長い。外稃は長円披針形、頴よりやや短く、内稃は楕円形、長さが頴の1/3から1/2である。有柄の小穂はやや細く、披針形、長さ5〜6mm、その頴は草質である。雄しべは3個ある。頴果は茶褐色で、倒卵形である。

■識別要点

　葉は広線形、長さ20〜70cm、幅1〜2.5cm、中脈は白色で、大型の花序は淡紫色または紫黒色で円錐状であり、花序の分枝はほぼ輪生する。小穂は対になり、片方は有柄、もう片方は無柄である。同属の侵入種スーダン・グラス [*S. sudanenses*（Piper）Staf.] は中国の各地域にも分布している。一年草で、円錐花序の分枝は細く、成熟したときに折れやすい。頴果はより小さく、成熟時に完全に頴に包まれる。

■生息環境および危害

　港、道端、道沿いの畑地および食糧を加工する工場の付近、鉄道の礫石中に、または非常に固まった土壌においても正常に生長し、実り、成熟する。たまに水田での生長も見かける。繁殖力が非常に強い。種子と地下根茎で繁殖する。一旦定着したら、除去することは困難である。世界的悪性雑草であり、農地、果樹園、茶園などの30数種の植物の生育を妨害し、在来種の植物に大きく影響する。侵入された土地の群落生物多様性は著しく低下する。さらに、本種は多少毒性を持ち、苗期、高温乾燥の不良条件下にて青酸を生産する。本種の植物を食すと、家畜は中毒する可能性がある。

■制御措置

①検疫を強化する。輸入種子に混入した本種の種子を風選するなどの方法で種子を取り除く。②夏耕と秋耕に合わせて除草する。その根茎を高温、乾燥の環境下に置き、一時的積水方法で本種の成長を抑制する。③クレトジムとグリホサートなどの除草剤を使用して防除する。

■生物学的特性

多年草である。種子と根茎で繁殖する。5月中旬以前は苗期、5月下旬から6月中旬は分蘖期(ぶんげつ)、6月下旬から7月の始まりは幼穂形成期、7月中旬から8月上旬は出穂期、8月中旬は開花、登熟期、10月末以後は地上部の成長は徐々に減速ないし停止する。

■中国での分布

遼寧省、河北省、北京、天津、四川省、重慶、雲南省、山東省、湖南省、安徽省、江蘇省、上海、福建省、広西省、広東省、香港。

■世界での分布

地中海地域原産。現在世界の熱帯と亜熱帯地域、カナダおよびアルゼンチンなど高緯度国と地域に広く分布する。

■中国侵入の初記録

20世紀初期に台湾南部に導入、栽培、同時期に香港と広東省の北部で発見された。

■染色体数

$2n = 34$,$(2x)$〔日本の資料：$2n = 20, 40$〕

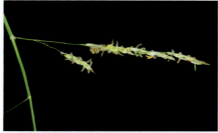

020 スパルティナ・アルテニフロラ

Spartina alterniflora Loisel

科　名	イネ科 Gramineae
属　名	スパルティナ属 *Spartina*
英文名	Smooth Cordgrass
中国名（異名）	互花米草、大米草

■形態的特徴

　草丈は1～1.7mである。茎は直立、分枝をしない。葉は長さ60cmに達し、基部の幅0.5～1.5cm、先端徐々に狭く糸状になり、乾燥したら内巻きする。葉舌毛は環状で、長さ1～1.8mmとなる。円錐花序は3～13個（長さ3～15cm）、ほぼ直立の穂状花序からなる。小穂は長さ10～18mm、重なって配列される〔覆瓦状（ふくかわらじょう）〕。穎の先端は急に尖り、1脈があり、外穎は内穎より短く、無毛、または背中に疎らな短柔毛がある。花葯は長さ5～7mmである。

■識別要点

　葉舌毛は環状で、長さ1～1.8mmである。円錐花序は3～13個（長さ3～15cm）、ほぼ直立の穂状花序からなる。同属の侵入植物スパルティナ・アングリカ（*Spartina anglica* C. E. Hubb.）は葉舌の長さ1.8～3mm、小穂は長さ15～26mm、穎に貼伏状短軟毛が散在し、葯は長さ7～10mmであることで本種と区別する。

■生息環境および危害

　海辺の広い干潟（高潮帯の下部から中潮帯の上部）に生息する。近年、ある地域にて有害雑草となった。それは、①近海干潟に住む生物の住処・環境を破壊し、干潟の養殖に影響する。②水、航路を塞ぎ、船舶の出入りに影響する。③海水、汽水の交換に影響し、水質の低下と赤潮の誘発に繋がる。④海岸生態系の脅威となり、大面積のマングローブを消滅に至らしめる。

■制御措置

　①人力または機械的に駆除するが、効率が悪い。②除草剤は通常地上部しか駆除できず、干潟中の種

子や根系に効果を発揮しない。③生物学的駆除はまだ実験の段階である。④導入の拡散を厳禁とする。

■生物学的特性

多年生で稈高の草本である。花期は6〜9月。株は耐塩、耐水没、風浪に強い。好温性、多様な土壌に適応する。繁殖力が強く、根系が発達し、地下茎が横伸びするのが速い。普通地下20〜50 cmの範囲内で成長するが、根系は泥中60 cmの深さにまで張る。1株は1年中に数十ないし100株まで繁殖することが可能である。種子は風浪によって散布される。

■中国での分布

遼寧省、天津、山東省、江蘇省、上海、浙江省、福建省、広東省、香港。

■世界での分布

アメリカ東南部海岸原産。カナダのニューファウンドランドからアメリカのフロリダ中部、メキシコ海岸の潮間帯までも分布、アメリカ西部と欧州海岸に帰化した。

■中国侵入の初記録

1979年12月にアメリカのフロリダ州、ノースカロライナ州、ジョージア州の3州から導入した。1980年に福建省の羅源県で試植に成功した。

■染色体数

$2n = 62$。

021 スパルティナ・アングリカ

Spartina anglica C. E. Hubb.

科　名	イネ科 Gramineae
属　名	スパルティナ属 *Spartina*
英文名	Common Cordgrass
中国名（異名）	大米草

■形態的特徴

　草丈は20～150 cmである。稈が直立、根茎があり、叢の径は1～3 mである。葉鞘は節間より長いことが多い、葉舌は一周に密生する繊毛となり、繊毛の長さ1.8～3 mmである。葉は狭披針形で、幅7～15 mm、光滑、乾燥したら内巻きする。花序は直立または斜上、2～6個（稀に18個）穂状花序から総状配列になり、穂軸の頂端が伸びて芒状になる。小穂は狭披針形で長さ5～26 mm、小花1個、穎の下で脱落、外穎は外稃より短く、1本脈であり、内穎は外稃より長く、1～6本脈である。外稃は1～3本脈、葯は長さ5～13 mm、穎果は約1 cmである。

■識別要点

　葉舌の長さ1.8～3 mm、小穂の長さ15～26 mm、穎に短伏毛が散在する。、葯は長さ7～10 mmである。

■生息環境および危害

　沿海の干潟に生息する。主な危害として、大面積かつ高密度の本種は近海生物の生息環境を破壊し、沿海の養殖貝類、蟹類、藻類、魚類などの生物を窒息・死亡させる。また、昆布、ノリなどの藻類と栄養を奪い合い、減産させる。水、航路を塞ぎ、船舶の出入りに影響する。漁業、運輸業、国防などに支障を来たす（潜在的な危害は極めて大きい）。海水、汽水の交換に影響し、水質の低下と赤潮の誘発に繋がる。沿海の干潟在来種植物との生存空間の競争によって、当地の生物多様性の脅威となる。

■制御措置

　人力または機械的に駆除するが、効率が悪い。化

学的防除としては除草剤を使用するが、通常地上部しか駆除できず、干潟中の種子や根系に効果を発揮しない。生物学的駆除としては在来植物の種類を選択して替代植えを試みる。
■**生物学的特性**
　多年生草本、C4植物である。地下茎が非常に発達する。地下茎と種子で繁殖する。株の分蘖力（ぶんげつ）と繁殖力が強く、潮間帯で、1年のうちに数十倍から100倍以上に増加する。集団密度が高い。150 〜 2,640株／m²。集団の生物量が大きい。乾燥重量は4,111 g／m²に達することができる。根茎は発達し、地上部より生物量が3 〜 11倍になる。抵抗性が強く、耐汚染、適応性も強く、海水、塩土に生長できることに留まらず、淡水、淡土、軟らかいまたは硬い干潟、砂浜においても生長する。現時点では、中国の南方では生長があまり良くない。5 〜 11月に開花、10 〜 11月に種子が成熟する。
■**中国での分布**
　遼寧省、河北省、天津、山東省、江蘇省、上海、浙江省、福建省、広東省、広西省。
■**世界での分布**
　イギリス南部海岸原産。ヨーロッパのスパルティナとアメリカのスパルティナの天然雑種である。デンマーク、ドイツ、スコットランド、フランス、イギリス、アイルランド、ニュージーランド、オーストラリア、アメリカに分布する。
■**中国侵入の初記録**
　1963 〜 1964年にイギリス、デンマークから導入、1964年に江蘇省で育種に成功した。1978年に広く推進された。
■**染色体数**
　$2n$ = 120, 122, 124。

55

022 ナガエツルノゲイトウ

Alternanthera philoxeroides (Mart.) Griseb.

科　名	ヒユ科 Amaranthaceae
属　名	ツルノゲイトウ属 *Alternanthera*
英文名	Alligator Weed
中国名（異名）	空心蓮子草、喜旱蓮子草、水花生、空心苋

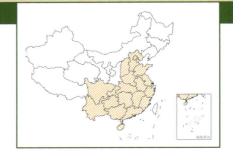

■形態的特徴

　茎は基部が匍匐、上部展開分枝し、中空、関節の腋に細い柔毛が疎生する。葉は対生、長円状倒卵形または倒卵状披針形、先端が円鈍で芒状に尖り、基部は徐々に狭くなる。表面に圧着毛があり、縁辺に睫毛がある。頭状花序は球形であり、径0.8～1.5cm、葉腋に単生し、総花柄の長さ1～6cm、苞片と小苞片は乾燥膜質、宿存、白色である。花被片は5枚、白色、大小サイズが不等であり、雄しべは5個で基部合生してカップ状になる。退化雄しべの先端は3～4本に分裂する。子房は倒卵形、柱頭が頭状である。

■識別要点

　単一の頭状花序は球形であり、総花柄の長さは1～6cmである。同属の侵入植物マルバツルノゲイトウ（*A. pungens* H. B. K.）は頭状花序が無柄、苞片および外花被の先端に刺があることで本種と区別できる。

■生息環境および危害

　湖、池沼、水溝に生息することで水面を覆い、航

路を塞ぎ、作物に被害をもたらす。また、ハエ、蚊の発生を引き起こし、ほかの植物を排除することで、生態景観を破壊する。陸生型の本種は中国の南方地域において農田の悪性雑草である。大面積に拡大蔓延することで淡水養殖業、水利業、水上運航業に不利な影響を与え、現在早急に駆除を要する雑草の一種である。

■制御措置

①生物的防除：ナガエツルノゲイトウノミハムシ（*Agasicles hygrophila*）を利用して本種を防除する。これは特に水生型の本種に有効である。また、条件適宜の場合に真菌性除草剤を大量に使用して迅速に草害を制御することができる。②人力または機械で取り除く：密集しないまたは面積が大きくない場合、人力または機械で取り除くのは有効であり、より経済的である。③化学防除：グリホサートなどの除草剤が地上部に短期的有効である。

■生物学的特性

多年生水陸両棲の草本である。茎、節によって栄養繁殖を行う。花期5〜10月、開花しながら結実するが、結実率が低く、果実の成熟率はさらに低い。本種は光の適応範囲が広く、強光、または日陰でもよく成長する。適応力と競争力が強く、侵入性が強い。無性繁殖の特性により迅速に侵入、定植、拡散する。

■中国での分布

河北省、北京、天津、山西省、山東省、河南省、湖北省、湖南省、四川省、重慶、貴州省、雲南省、広西省、江蘇省、上海、浙江省、江西省、福建省、広東省、海南省など。

■世界での分布

南米原産。現在世界温暖帯地域に広く帰化した。

■中国侵入の初記録

1892年に上海付近の島嶼に出現した。

■染色体数

$2n = 96 = 60m + 36sm$。

023 マルバツルノゲイトウ

Alternanthera pungens H. B. K.

科　名	ヒユ科 Amaranthaceae
属　名	ツルノゲイトウ属 *Alternanthera*
英文名	Khaki Weed, Spinyflower Altermanthera
中国名（異名）	刺花蓮子草、地雷草

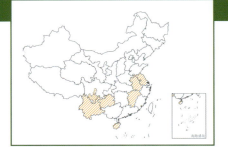

■形態的特徴

　茎は匍匐して多分枝である。白色硬毛が圧着して密生する。葉は対生し、同一対の葉の大きさは不均等である。葉身は卵形、倒卵形または楕円状倒卵形、鋭頭〜鈍頭、先端が短く尖る。頭状花序は総花序柄がなく、1〜3個葉腋に腋生し、白色、球形または長球形で長さ5〜10 mm、苞片は披針形、長さ4 mmぐらい、先端に鋭い刺があり、花被片は大小不揃い、外側2枚の花被片は披針形、長さ約5 mm、花期後に硬く鋭い刺になる。中部花被片は長楕円形で、長さ3〜5 mm、先端の近くに鋸歯状突起がある。内側2枚の花被片は小さく、凸形で子房を抱く。雄しべは5個、退化雄しべは花糸よりはるかに短い。胞果は広楕円形である。

■識別要点

　頭状花序は総花序柄がなく、外側2枚の花被片の先端に鋭い刺がある。熱帯アメリカ原産のケツルノゲイトウ（*A. paronychioides* A. St.）は近年海南省（文昌）、広東省（河源、淇澳島）および台湾（彰化、屏東）に現れ、その外形は本種に似るが、雄しべ3〜5個、長さ1.5〜2 cmの匙形の葉によって本種と区別できる。

■生息環境および危害

　よく渓流の畔、排水溝、道端、農家の庭、海辺の

空き地、耕地の傍、川辺埋立地、荒地、乾熱の河谷に生息する。普通の雑草である。拡散が速く、地元の農作物に被害をもたらす。花被先端の刺は人と家畜を刺して怪我をさせる。

■制御措置
　実る前に人力で駆除する。
■生物学的特性
　一年生草本である。適応能力が強く、ブラウンアース、鉄アルミナ質の土［褐土、ボーキサイト（Bauxite）］、半不毛の地、平原、乾熱の河谷などの環境に生息できる。花期は5月、果期は7月である。種子で繁殖する。
■中国での分布
　四川省（西南部）、雲南省、貴州省、江蘇省、安徽省、江西省、福建省（南部）、海南省、香港。
■世界での分布
　南アメリカ原産。現在世界の温暖地域に広く分布する。
■中国侵入の初記録
　1957年四川省の芦山で初めて発見された。
■染色体数
　$2n = 34$。

024 ｜イヌビユ

Amaranthus lividus L.

科　名	ヒユ科 Amaranthaceae
属　名	ヒユ属 *Amaranthus*
英文名	Emarginate Amaranth
中国名（異名）	凹头苋、野苋、紫苋

■形態的特徴

　全体は無毛である。茎は根元から枝分かれして、横生えてから斜めに伸び上がり、高さ 10 〜 30 cm、淡緑色または紫色を帯びる。葉は互生し、長さ 1 〜 3.5 cm の長柄である。葉身は卵形または菱状卵形、長さ 1.5 〜 4.5 cm、幅 1 〜 3 cm、先端が 2 裂または凹形、基部が広楔形であり、縁が全縁またはやや波状である。花は葉腋に簇生し、下部の葉腋まで至る。茎頂または枝先の花序は直立の穂状花序または円錐花序になる。苞片と小苞片は楕円形で、乾膜質である。花被片は 3 枚、膜質で、雄しべは 3 個、花被片よりやや短い。胞果は卵円形、やや扁平で、開裂し

ない。種子は黒色、凹凸面鏡形であり、径1.2 mm、表面は平滑で光沢があり、縁側はやや薄くなり、環状となる。

■識別要点

草全体は無毛である。茎は横生えてから斜めに伸び上がる。花序は基部の葉腋から茎頂まで生える。花被片は3枚、雄しべも3個、果実は不開裂、平滑である。最近発見された侵入雑草（*A. standleyanus* Paroid ex Covas、菱叶苋）はよく本種と誤認されるが、葉が菱状卵形、先端がやや凹む。花被片が5枚であることなどで本種と区別できる。

■生息環境および危害

やや湿潤かつ肥沃な農地、荒地、道端と宅地周辺に生息し、公園、囲場、道端、荒地によく見られる雑草である。大量発生により、トウモロコシ、大豆などの農作物に被害をもたらす。

■制御措置

幼苗期に人力で駆除する（若芽、葉は野菜または飼料になる）。

■生物学的特性

一年生草本である。種子で繁殖する。苗は下軸が発達、紫紅色、2枚の子葉は長楕円形である。種子は5月の上旬に発芽開始、5月の中、下旬に発芽の最盛期、発芽の適温は15〜30℃であり、発芽の深度は5cm以上、深層の種子は10年以上も休眠する。一旦地表に出れば即時に発芽、成長できる。

■中国での分布

寧夏、内モンゴル、チベット、青海省以外の地域に広く分布する。

■世界での分布

熱帯アメリカ原産。日本、ヨーロッパ、アフリカ（北部）にも分布する。

■中国侵入の初記録

1841〜1846年に編纂された『植物名実図考』に記載された。

■染色体数

$2n = 34$。

025 オオホナガアオゲイトウ

Amaranthus palmeri S. Watson

科 名	ヒユ科 Amaranthaceae
属 名	ヒユ属 *Amaranthus*
英文名	Palmer's Amaranth, Palmer Amaranth, Carelessweed
中国名（異名）	长芒苋、绿苋、野苋

■形態的特徴

　草丈は 0.8 ～ 2 m である。茎は直立し、頑丈、稜があり、無毛または上部に短柔毛が疎生し、分枝する。葉は無毛、葉身が卵形から菱状卵形、茎の上部にある葉は通常披針形であり、長さ 5 ～ 8 cm、幅 2 ～ 4 cm、先端が鈍形、急に尖りまたはやや凹み、ときどき小さい突起がある。葉の基部は楔形、全縁、葉柄の長さは 1 ～ 8 cm である。雌雄異株、穂状花序は枝の先端につき、真っ直ぐまたはやや彎曲、花期に密集して、果期に緩くなる。花序は長さ 7 ～ 25 cm、幅 1 ～ 1.2 cm、葉腋につくものはより短く、円柱状または頭状である。苞片は披針形、長さ 4 ～ 6 mm、先端に芒状刺がある。雄花は長さの不揃いな花被片が 5 枚、長円形で先端が急に尖り、外側の花被片の長さは 5 mm、その他（内側）の花被片の長さは 3.5 ～ 4 mm である。雄しべは 5 個、内側の花被片より短い。雌花は長さの不揃いな花被片が 5 枚で、最外の 1 枚は倒披針形、長さ 3 ～ 4 mm、先端が急に尖る。その他の花被片は匙形で長さ 2 ～ 2.5 mm、先端が切形からやや凹形、上部の縁は歯状であり、花柱が 2 ～ 3 個ある。果実はほぼ球形、長さ 1.5 ～ 2 mm、宿存する花被に包まれ、果皮は膜

質であり、上部にやや皺があり、横に裂開する。種子はほぼ円形で長さ 1～1.2 mm、濃赤褐色、光沢がある。

■識別要点

全体はほぼ無毛であり、円錐花序が直立する。苞片と花被片の先端に芒刺が目立つ。花被片は5枚、雄しべは5個である。果実は横に裂開する。

■生息環境および危害

河川低地、荒野、耕地に生息する。畑の雑草であり、農地、果樹園に危害を加え、湿地にも侵入する。本種は多量の硝酸塩を含んでいるので、家畜は本種の過食により、中毒になる。

■制御措置

結実前に人力で駆除する。

■生物学的特性

一年生草本である。花期は7～9月、果期は8～10月である。種子で繁殖する。

■中国での分布

現在北京、天津、山東省のみ報告されている。

■世界での分布

アメリカ西部とメキシコ北部原産。現在スイス、スウェーデン、日本、オーストラリア、ドイツ、フランス、デンマーク、ノルウェー、フィンランド、イギリスなどの国に分布する。

■中国侵入の初記録

1985年8月に初めて北京市豊台区南苑槐房範庄子村と南苑食用油工場の専用鉄道の傍で標本が採集された。

■染色体数

$2n = 34$。

026 スギモリゲイトウ

Amaranthus paniculatus L.

科　名	ヒユ科 Amaranthaceae
属　名	ヒユ属 *Amaranthus*
英文名	Paniculate Amaranth
中国名（異名）	繁穂苋、天雪米、鸦谷

■形態的特徴

　草丈は20～80cmで、1.3mまで達することもある。茎は直立し、粗大、淡緑色、たまに紫色の筋を持ち、やや鈍形の稜がある。葉身は菱状卵形または楕円状卵形で、長さ5～12cm、幅2～5cm、先端が鋭くまたは徐々に尖り、凸尖があり、基部が楔形、柔毛がある。円錐状花序は多数の穂状花序からなり、頂生と腋生をし、径2～4cm、直立または後に下垂する。頂生の花序は側生の花序より長い。苞片および小苞片は鏨形、長さ4～6mm、先端は芒状に尖る。花被片は5枚で白色であり、淡緑色の中脈が1本あり、先端が急に尖る。雄しべは5個ある。胞果は扁球形で宿存する花被片に包まれ、熟せば横に環状裂開する。種子はほぼ球形であり、径約1mm、茶色または黒色である。

■識別要点

　円錐状花序は直立して多分枝し、苞片および花被片の先端には顕著な芒状刺があり、花被片と胞果は同長である。本種と近縁の侵入種ヒモゲイトウ（*A. caudatus* L.）は円錐花序が下垂し、中央頂生の穂状花序は特に長く、紫紅色である。

■生息環境および危害
　山地の斜面、道端、荒野、荒地、畑の傍、水路の傍、河岸などの土地に生息する一般性の雑草である。主に畑の作物に被害をもたらす。
■制御措置
　実る前に人力で駆除する。
■生物学的特性
　一年生草本である。花期は7〜8月、果期は8〜9月である。種子で繁殖する。
■中国での分布
　遼寧省、北京、広東省などでよく見られる。
■世界での分布
　南アメリカ原産。現在世界各地に広く散布、帰化した。

■中国侵入の初記録
　1935年出版の『中国北部植物図志』第四巻に記載された。
■染色体数
　$2n = 32$。

027 アマランサス・ポリゴノイデス

Amaranthus polygonoides L.

科　名	ヒユ科 Amaranthaceae
属　名	ヒユ属 *Amaranthus*
英文名	Tropical Amaranth
中国名（異名）	合被苋、泰山苋

■形態的特徴

　草丈は10〜40cmである。茎は直立または斜上し、淡緑色、通常分枝が多く、短柔毛が生えるが、基部は無毛である。葉は卵形ないし卵状楕円形、倒卵形または披針形である。長さ0.6〜3cm、幅0.3〜1.5cm、先端常に凹形または円鈍形、長さ0.5〜1mmの芒を持ち、基部は楔形である。葉身中部に常に白色の斑紋があり、乾燥すると斑紋が不明瞭になり、無毛である。葉柄の長さは0.3〜2cmである。花は葉腋に簇生する。総花柄は極めて短い。単性花であり、雌、雄花が混生する。苞片および小苞は披針形で、長さは花被片の半分にも及ばない。花被片は5枚、時に4枚であり、膜質、白色で縦の筋が3本あり、中脈が緑色である。雄花の花被片は長楕円形で、基部だけ癒着する。雄しべは2個、時に3個である。雌花の花被片は匙状で、先端が急に尖る。下部の約1/3が合生して筒状になる。果期には筒の長さ約0.8mmで宿存し、海綿質である。柱頭は2〜

3裂、胞果は不開裂、上部にやや皺がある。種子は双凸面鏡状である。
■識別要点
　葉は卵形から倒卵形または楕円状披針形である。葉身中部に常に白色の斑紋が横に現れ、雌花の花被は下部の約1/3が合生して筒状になる。また、本種と区別しにくい侵入種のアメリカビユ（*A. blitoides* S. Waston）とシロビユ（*A. albus* L.）の2種がある。アメリカビユは花被片が分離し、先端巻曲の柱頭が3個で、種子は卵形、径1.5mmであるのに対して、シロビユは葉の先端の芒尖が明瞭、花被片が3個、雄蕊が3個、柱頭3裂、ほぼ円形の種子は径わずか0.7〜1.0mmである。
■生息環境および危害
　よく田圃、道端、荒地に生育する。時には乾燥した畑、芝生の雑草になる。よく作物の種子や、土がついている苗木、芝生の草と一緒に拡散し、漫延の速度は速い。
■制御措置
　実る前に人力で抜き除く。
■生物学的特性
　一年生草本である。標高500m以下の道端、荒地、住宅の周りまたは田圃に生息する。花・果期は9〜10月である。種子で繁殖する。
■中国での分布
　北京、山東省、安徽省。
■世界での分布
　カリブ海諸島、アメリカ（南部から西南部）、メキシコ（東北部およびユカタン半島）原産。19世紀初期からヨーロッパとエジプトなどの地域に帰化した。
■中国侵入の初記録
　1979年山東省の済南と泰安（泰山）で標本が採集された。
■染色体数
　$2n = 34$。

028 アオゲイトウ

Amaranthus retroflexus L.

科　名	ヒユ科 Amaranthaceae
属　名	ヒユ属 *Amaranthus*
英文名	Redroot Amaranth
中国名(異名)	反枝苋、野苋菜

■形態的特徴

　草丈は20〜80cmである。茎は直立して分枝があり、短柔毛が密生する。葉は互生し、長い柄がある。葉身は卵形から楕円状卵形、長さ2〜12cm、幅2〜5mm、先端はやや凸起し、またはやや凹み、小さい芒状刺があり、両面と縁に柔毛がある。多数の穂状花序からなる花序は円錐状、頂生または腋生する。苞片と小苞片は鑿形で先端が芒状に尖る。花被片は5枚、白色で淡緑色の中脈が1本あり、雄しべ5個、柱頭3裂である。胞果は扁球形で宿存の花被片に包まれ、熟すと横に裂開する（環裂）。種子は円形から倒卵形、表面が黒色で光沢がある。

■識別要点

　全体が被毛する。円錐花序は頂生または上部の葉腋から出ていて、径2〜4cmである。苞片の長さは4〜6mm、胞果は宿存の花被に包まれる。本種

と近縁のホソアオゲイトウ（*A. hybridus* L.）は円錐花序が細長く、苞片の長さ3〜4.5 mm、胞果は花被片より長いなどの特徴で本種と区別する。

■生息環境および危害

　農地、道端または荒地に生息し、野菜畑、果樹園、綿、トウモロコシなどの畑の雑草である。主に綿、豆類、落花生、瓜類、サツマイモ類、野菜など多数の農産物に被害をもたらす。家畜は硝酸塩の蓄積量の多い本種の過食により中毒になる。

■制御措置

　機械による駆除は主に実る前に行う。化学的防除はベンタゾンやフェノキサプロップエチルの利用が効果的である。

■生物学的特性

　一年生草本である。5月に発芽、7月初めに開花、7月末から8月初めに種子が徐々に熟成する。成熟種子の休眠期がない。本種は適応性が強く、生育の場所を問わず、単優勢種の群落を形成する。日蔭に弱い。密植する畑、または高稈作物の間においては成長発育が不良である。種子発芽の適温は15〜30℃で、土壌層の発芽深度は0〜5 cmである。

■中国での分布

　黒竜江省、吉林省、遼寧省、北京、内モンゴル、新疆、寧夏、青海省、甘粛省、陝西省、チベット、四川省、重慶、貴州省、雲南省、山西省、河北省、山東省、河南省、湖北省、湖南省、安徽省、江蘇省、上海（南部）、浙江省、江西省、広西省、広東省、台湾。

■世界での分布

　アメリカ原産。現在広く拡散しており、世界各地に帰化した。

■中国侵入の初記録

　導入の時間は不詳、1935年出版の『中国北部植物図志』第四巻に記載された。

■染色体数

　$2n = 34$。

029 ハリビユ

Amaranthus spinosus L.

科　名	ヒユ科 Amaranthaceae
属　名	ヒユ属 *Amaranthus*
英文名	Spiny Amaranth, Thorny Amaranth
中国名（異名）	刺苋

■形態的特徴

　株の高さは 30 〜 100 cm である。茎は直立して多分枝をし、縦の筋があり、緑色または紫色を帯び、無毛またはやや柔毛がある。葉は互生、葉身が菱状卵形または卵状披針形、先端円鈍形で小さく鋭い凸起がある。葉柄基部の両側に二つの刺があり、長さ5 〜 10 mm である。花は単性または雑性、雌花は葉腋に簇生、雄花は集合して頂生の円錐花序になる。一部の苞片は刺になり、一部は狭披針形になる。花被片は緑色、先端は急に尖り、縁が透明である。雄花に雄しべが5個、雌花の柱頭は2または3枚である。胞果は楕円形で宿存の花被内に包まれ、中部以下は不規則に横裂する。種子は倒卵形または円形で、凹凸鏡状、黒色、光沢がある。

■識別要点

　葉柄基部の両側に2枚長い刺がある。

■生息環境および危害

　田圃の傍、野菜畑、建物の傍、道端、荒地に生息

する。中国の熱帯と亜熱帯地域によく見られる雑草である。乾燥畑の作物、野菜畑、果樹園に被害をもたらす。一部地域での被害は重く、その刺は人の手足を怪我させる。

■制御措置

実る前に人力で駆除する。種子の散布を制御する。

■生物学的特性

一年生草本である。花・果期は 7 〜 11 月。種子で繁殖する。

■中国での分布

黒竜江省、吉林省、遼寧省、北京、新疆、甘粛省、陝西省、四川省、重慶、貴州省、雲南省、山西省、河北省、山東省、河南省、安徽省、江蘇省、湖北省、湖南省、江西省、浙江省、福建省、広西省、海南省、広東省、台湾、香港。

■世界での分布

アメリカ原産。現在南米、アジア、アフリカ熱帯地域に広く分布する。

■中国侵入の初記録

1932 年出版の『岭南採薬録』に記載された。

■染色体数

$2n = 34$。

030 ハゲイトウ

Amaranthus tricolor L.

科　名	ヒユ科 Amaranthaceae
属　名	ヒユ属 *Amaranthus*
英文名	Flower Gentle, Three-coloured Amaranth
中国名(異名)	苋、三色苋、雁来红、老少年

■形態的特徴

　草丈は 80 ～ 150 cm である。茎は頑丈で直立し、通常分枝が多い。緑色または赤色をして、光滑で無毛、またはやや細毛がある。葉身は卵形から楕円状披針形であり、長さ 4 ～ 10 cm、幅 2 ～ 7 cm、緑色またはときどき赤紫色になる。葉の先端は鈍く尖り、またはやや凹み、その中に小さな突起があり、基部は楔形で全縁または波状である。花は単性または雌、雄花が混生して葉腋に密に簇生する。茎頂に密集すると下垂の穂状花序になる。苞片および小苞は乾燥膜質、花被片は 3 枚、長楕円状披針形で芒がある。雄しべは 3 個、線状の花柱は 2 ～ 3 枚である。胞果は卵状楕円形で、長さ約 2 ～ 2.5 mm、横で開裂し、種子はほぼ円形または倒卵形、黒色または黒茶色で光沢がある。

■識別要点

　葉は通常赤色または紫赤色であり、頂生の花序は下垂する。花被片は 3 枚、雄しべは 3 個、果実は横で開裂する。

■生息環境および危害

　肥沃、排水性の良い砂質の土壌を好む。耐旱かつ耐アルカリ性である。通常野菜として栽培され、時に野生化する。作物の畑に侵入して雑草になり、場合により草害までに発展し、菜園に大きな被害をもたらす。

■制御措置

　苗期に食用野菜として取り除き、種子の散布を防ぐ。

■生物学的特性

　一年生草本である。花期は 5 ～ 8 月、果期は 7 ～ 9 月である。種子で繁殖する。肥沃、排水性の良い砂質の土壌を好む。耐旱かつ耐アルカリ性である。

■中国での分布

　黒竜江省、吉林省、遼寧省、河北省、北京、内モ

ンゴル、新疆、青海省、甘粛省、寧夏、陝西省、山西省、山東省、河南省、湖北省、湖南省、チベット、四川省、雲南省、貴州省、広西省、安徽省、江蘇省、浙江省、江西省、福建省、広東省、海南省、台湾。

■世界での分布

インド原産。現在世界中多数の地域で栽培され、または野生化した。

■中国侵入の初記録

1403〜1406年に編纂された『救荒本草』に記載された。

■染色体数

$2n = 34$。

73

031 ホナガイヌビユ

Amaranthus viridis L.

科　名	ヒユ科 Amaranthaceae
属　名	ヒユ属 *Amaranthus*
英文名	Wild Amaranth, Wrinkledfruit Amaranth, Slender Amaranth
中国名(異名)	皱果苋、绿苋、野苋

■形態的特徴

　草丈は 40 ～ 80 cm である。全体無毛で、茎は直立してはっきりしない稜があり、分枝が少ない、緑色で紫色を帯びる。葉は卵形から卵状楕円形、長さ 3 ～ 9 cm、幅 2.5 ～ 6 cm、先端が常に凹み、一つ小さい突起があり、基部はほぼ切形で、葉身中部に常に V 字型の白色の斑痕があり、葉柄の長さは 3 ～ 6 cm である。円錐花序は頂生して分枝する。頂生の花序は腋生のより長い。苞片および小苞は披針形で、長さ 1 mm に及ばない。先端は尖り、乾燥膜質である。花被片は 3 枚、背部に 1 本緑色の隆起中脈があって、芒状刺があり、縁辺が透明である。雄しべは 3 個、柱頭は 2 ～ 3 枚である。包果は扁球形、径 2 mm、緑色で不開裂、皺あり、花被片より高い。種子は凸面鏡状、径約 1 mm、黒色または黒褐色で光沢があり、微細な線状模様がある。

■識別要点

　全体無毛である。円錐花序は頂生、薄紅色、頂生花序が長く、直立し、花被片は 3 枚、雄しべは 3 枚であり、果実は不開裂、皺がある。

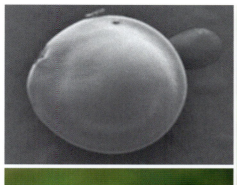

■生息環境および危害

よく住宅周辺、荒野、荒地、河岸、道端に生え、または畑の雑草、野菜畑、秋の作物畑の雑草であり、道路に沿って自然生態系に侵入する。

■制御措置

結実前に人力で駆除する。若い葉、茎は草飼料、野菜として利用でき、有効に利用することによって生長の抑制にもなる。

■生物学的特性

一年生草本である。軟らかい土壌を好む。花期は6～8月、果期は8～10月である。種子で繁殖する。

■中国での分布

黒竜江省、吉林省、遼寧省、北京、内モンゴル、甘粛省、陝西省、雲南省、山西省、河北省、山東省、河南省、安徽省、江蘇省、江西省、福建省、広西省、浙江省、海南省、広東省、台湾。

■世界での分布

熱帯アメリカ原産。現在南、北半球の温帯、亜熱帯と熱帯地域に広く分布する。

■中国侵入の初記録

1935年出版の『中国北部植物図志』第四巻に記載された。

■染色体数

$2n = 34$。

032 ウスバアカザ

Chenopodium hybridum L.

科　名	ヒユ科 Amaranthaceae （アカザ科 Chenopodiaceae）
属　名	アカザ属 *Chenopodium*
英文名	Maple-leaved Goosefoot
中国名（異名）	杂配藜、大叶藜

■形態的特徴

　草丈は 40 ～ 120 cm である。茎は直立し、枝に淡黄色または紫色の縦稜を持つ。茎の下部の葉は広卵形または卵状三角形で、両面は鮮やかな緑色、基部は円形、切形またはハート形であり、縁には掌状浅裂、五角形の輪郭になる。上部の葉はより小さく、三角状矛状である。両性花と雌性花は円錐花序になる。花被片は 5 裂、雄しべは 5 個である。胞果は凸鏡形である。種子は径 2 ～ 3 m、黒色、表面が凹凸である。

■識別要点

　葉は広卵形または卵状三角形で、波状鋸歯がある。果皮に 4 ～ 6 角形網状模様がある。

■生息環境および危害

　林縁、山の斜面の低木叢、水路脇、荒野、荒地、ダムの周辺などによく見かける。農業、園芸、野菜作物の畑の普通の雑草の一つである。本種は農地中で作物と水源を奪い合うため、作物が減産に至る。場合により湿地にて優先集団になり、生物種の多様性

が乏しくなる。本種の苗は家畜の飼料となるが、大量摂取は豚、羊の硝酸塩中毒を引き起こす。

■制御措置

開花の前に取り除く。本種の種子は休眠する特性を持つため、成長季節中はいつでも発芽生長できる。数回繰り返して人力によって駆除することが必要である。多くの除草剤は本種に有効であるが、トリアジフラム類の除草剤に抵抗性を持つ。

■生物学的特性

一年生草本である。環境条件の忍耐範囲は大きいが、通常日当りの良い灌漑良好な土壌に成長旺盛である。花・果期は7～9月である。種子で繁殖する。干燥と蔭の環境下で休眠状態を保持する。

■中国での分布

黒竜江省、吉林省、遼寧省、河北省、北京、内モンゴル、新疆、青海省、甘粛省、寧夏、陝西省、チベット、四川省、重慶、雲南省、山西省、河南省、湖北省、山東省、浙江省。

■世界での分布

ヨーロッパおよび西アジア原産。現在北半球温帯およびハワイ諸島地域にまで広く分布する。

■中国侵入の初記録

1864年に河北省の承徳で標本が採集された。

■染色体数

$2n = 18$。

033 アリタソウ

Dysphania ambrosioides (L.) Mosyakin et Clemants
(Syn. *Chenopodium ambrosioides* L.)

科　名	ヒユ科 Amaranthaceae （アカザ科 Chenopodiaceae）
属　名	アリタソウ属 *Dysphaenia*
英文名	Mexican Tea, Wormseed
中国名（異名）	土荊芥、杀虫芥、鹅脚草

■形態的特徴

　全株に強烈な匂いがあり、草丈は50〜80cmである。茎は直立し、多数分枝し、枝に縦の稜を持つ。葉は長楕円状披針形で短柄がある。葉の裏面に油点が散在し、葉脈に沿ってやや柔毛が生える。縁には疎らで不揃いな大きさの鋸歯がある。下部の葉は長さ15cmに達し、上部の葉は徐々に狭くなり、ほぼ全縁である。花は両性花と雌花が混ざり、通常3〜5個集合して上部の葉腋につく。花被は5裂、稀に3裂であり、緑色、雄しべは5個、柱頭は通常3個、胞果は扁球形である。

■識別要点

　全株に強烈な匂いがあり、葉の裏面には淡黄色の腺点がある。花は通常3〜5個集合して上部の葉腋につく。本種と容易に混淆する同属の仲間 *C. foeditum* Schrad. は葉の縁が羽状浅裂または深裂し、花序は複合した二分岐集散花序などで本種と区別できる。

■生息環境および危害

　道端、河岸などの荒地および農地に生息する。本種は生長の環境を厳しく問わず、かつ数量が大きなため拡散しやすい。長江流域によく見られる雑草の

一つである。長江ダムの堤防の芝生に侵入して芝生の生長の脅威となる。本種には有毒な揮発油があり、化学的アレロパシー（allelopath）によってほかの野生植物の生長に影響する。また、本種の花粉は普通の花粉アレルギー源であり、人体の健康に被害をもたらす。

■制御措置

開花の前に取り除く。本種は花・果期が長いため、数回の駆除を行う必要がある。

■生物学的特性

一年生から多年生草本である。環境条件の忍耐範囲が大きく、花・果期が長い（6〜10月）。拡散しやすく、種子で繁殖する。

■中国での分布

北京、陝西省、四川省、重慶、雲南省、貴州省、湖北省、湖南省、山東省、江蘇省、上海、江西省、浙江省、福建省、広東省、広西省、海南省、台湾、香港、マカオ。

■世界での分布

中南米原産。現在世界の温帯から熱帯地域に広く分布する。

■中国侵入の初記録

1864年に台湾の台北市で標本が採集された。

■染色体数

$2n = 18$。

034 センニチノゲイトウ

Gomphrena celosioides Mart.

科　名	ヒユ科 Amaranthaceae
属　名	センニチコウ属 *Gomphrena*
英文名	Silver Flower, Globe Amaranth
中国名（異名）	银花苋、鸡冠千日红、假千日红、野生千日红、伏生千日红、野生圆子花

■形態的特徴

　草丈10〜35cmの直立または匍匐して散らばる草本である。茎には開出した白い軟毛がある。葉は対生し、長楕円形から匙形、長さ3〜5cm、幅1〜1.5cm、先端が急に尖るかまたは鈍形、基部は徐々に狭くなる。葉の裏面に柔毛がある。葉柄の長さは0.5〜1.5cmである。頭状花序は頂生、若いときは球形、後に伸長して楕円形になり、長さ1.5〜3cmである。総花柄はほぼなく、苞片は広三角形で長さ3〜5cmである。小苞片は紫色または白色で、長さ約1mm、背中の稜に細かな鋸歯がはっきり見える。萼片は披針形で長さ5〜6mm、外側に白色の長綿毛が生える。雄しべは5個でほぼ萼片と等長であり、花糸は管状に癒合している。花柱は極めて短く、柱頭2裂である。胞果はほぼ球形、径2〜2.5mm、果皮が薄く、膜質である。

■識別要点

　葉は対生し、茎は白い長軟毛が生えている。花序は銀白色であり、花被片は花期後に硬くなる。同属にセンニチコウ（*G. globosa* L.）という栽培種がある。茎は灰色の粗毛が生え、花序は赤色、淡紫色または白色、花被片が花期後に硬くならないことなどで本

種と区別できる。また、ケイトウ（*Celoosia argentea* L.）は葉が互生であることで本種と区別する。

■**生息環境および危害**

道端、家宅の傍、荒地、川辺などに生息し、田圃の雑草である。一般性の雑草であるので、被害は軽いが、近年はますます拡大する傾向がある。

■**制御措置**

実る前に人力で駆除する。または多年生の草本を代替で植える。

■**生物学的特性**

多年生草本である。花・果期は普通6〜8月である。湿潤の環境を好み、適応性が強く、根茎が発達し、耐乾燥、耐貧栄養、耐踏み潰しなどである。

■**中国での分布**

広東省（饒平、博羅、肇慶、広州、湛江）、海南省（海口、三亜、西沙諸島）、台湾。

■**世界での分布**

熱帯アメリカ原産。現在世界各熱帯地域に分布する。

■**中国侵入の初記録**

1959年に出版の『南京中山植物園栽培植物名録』に記載された。

■**染色体数**

$2n = 34$。

035 アカザカズラ

Anredera cordifolia (Tenore) Steenis

科　名	ツルムラサキ科 Basellaceae
属　名	アカザカズラ属 *Anredera*
英文名	Madeira Vine
中国名（異名）	落葵薯、马徳拉藤

■形態的特徴

　蔓性草本、地下に肥大した根茎がある。茎の長さは5～10mに達する。葉は互生し、卵形から円形で先端が急に尖り、基部は円形またはハート形である。やや多肉質、全縁で、両面は光沢無毛であり、葉腋にムカゴ（珠芽）をつける。総状花序は腋生または頂生で多数の花をつける。花序軸は繊細で下垂する。花は小さく、柄を持つ両性花である。苞片は細く、小苞片が広楕円形からほぼ円形で萼状である。萼片5個、白色で雄しべと対生する。花糸は花芽の中に彎曲する。柱頭は深く3裂し、子房は上位である。果実は卵球形であり、通常は実らない。

■識別要点

　蔓性草本であり、あまり多肉質にならず、総状花序、柄を持つ花は花期に花被が開展する。ツルムラサキ（*Basella alba* L.）は穂状花序で、花被が多肉

82

質で、花期にほとんど開展せず、花糸は蕾の中に直立することなどで本種と区別する。

■生息環境および危害

よく水路脇、河岸、荒地または低木叢の中に生える。本種は成長が速く、栄養繁殖力が強い。腋生するムカゴ（珠芽）によって新しい株を生じ、枝の断片でも繁殖可能である。さらに、病虫害や天敵の制約がない。華南地域では、本種の枝、葉によって小高木や、低木または草本植物を覆い、生態系に厳重な被害をもたらす。

■制御措置

機械で取り除く際、注意深く落としたムカゴ（珠芽）を除去することで本種植物の再散布することを防ぐ。苗期に通常の除草剤を使用して噴霧することで比較的効果が見込める。ムカゴ（珠芽）は落とされた後にも活動期間を長く保持できるため、再度の蔓延を防止するために、駆除された地区の観測が必要である。

■生物学的特性

多年生蔓生草本である。湿潤で、日照が十分な環境を好む。花期は6～10月である。

■中国での分布

中国の南部から華北地区にも栽培されている。天津、北京地域では根茎が温室で越冬する。四川省、重慶、雲南省、貴州省、湖北省、湖南省、江蘇省、浙江省、福建省、広西省、広東省、台湾、香港などで野生化している。

■世界での分布

南米の熱帯と亜熱帯地域原産。世界各地に引種栽培され、温暖地域に帰化した。

■中国侵入の初記録

1955年出版の『経済植物手冊』に記載された。

■染色体数

$2n = 24$。

036 センニンサボテン

Opuntia dillenii (Ker-Gawl.) Haw.
[Syn. *O. stricta* (Haw.) Haw.]

科　名	サボテン科 Cactaceae
属　名	ウチワサボテン属 *Opuntia*
英文名	Pest Pear
中国名(異名)	仙人掌、仙巴掌

■形態的特徴

　高さは0.5～2.0 mである。よく大低木状に簇生し、茎の下部は亜木質の円柱形であり、扁平の茎節が倒卵形から楕円形、若い茎が鮮やかな緑色、古い枝が灰緑色で、無毛である。刺座は疎らに生え、明瞭に突起して、各刺座に3～10個刺がある。刺は黄色で、淡褐色の横紋があり、太い鏨形、多少展開また内側に彎曲し、基部扁形である。花は単生し、黄色、径2～8 cmである。花托は倒卵形であり、花被片は多数で、柱頭は5個である。液果は熟したとき紫紅色である。種子は淡黄褐色である。

■識別要点

　分枝は緑色から青緑色である。各刺座に3～10個の刺がある。刺は鏨形、黄色で、淡褐色の横紋がある。柱頭は5個である。液果の各側に鏨形の刺が生える刺座は5～10個ある。

■生息環境および危害

　海岸の岩石の間に叢生する。現在、中国の南部沿海地域に普通に帰化して非常に除去しにくい多肉多刺の低木になる。

■ **制御措置**

　潅積水によって駆除する。

■ **生物学的特性**

　叢生多肉低木である。花期は6〜12月で、種子と枝の断枝で繁殖する。耐干燥かつ嫌積水であり、十分な日当たりを好む。土壌の条件を要求しない。越冬の温度は10℃以上である。

■ **中国での分布**

　南部沿海地域でよく栽培され、広東省、広西省（南部）、海南沿海地域および南海諸島、香港などに逸出して野生化した。

■ **世界での分布**

　メキシコ東海岸、アメリカ南部および東南沿海、西インドネシア諸島、バミューダ諸島、南米北部原産。現在カナリア諸島、オーストラリア東部およびアジア熱帯に逸出野生化した。

■ **中国侵入の初記録**

　明朝末期に生垣として引種され、1702年の『嶺南雑記』に初めて記録された。

■ **染色体数**

　$2n = 40 = 38m + 2sm$。

85

037 ウチワサボテン

Opuntia ficus-indica (L.) Mill.

科　名	サボテン科 Cactaceae
属　名	ウチワサボテン属 *Opuntia*
英文名	Sweet Prickly Pear
中国名（異名）	梨果仙人掌、仙人掌、仙桃

■ 形態的特徴

　高さは1.5～5ｍに達する。古くなった株には円柱形の主幹がある。枝は多数分岐し、淡緑色または灰緑色で、広楕円形、倒卵状楕円形から楕円形であり、基部は円形から広楔形、表面は平坦で無毛であるが、多数の刺座がある。刺座はややクッション状であり、刺がないまたは1～6本展開の白色の刺がある。花托は楕円形から楕円状倒卵形で多数のクッション状刺座があって刺がない、または少数の剛毛状細刺がある。萼状花被片は濃黄色またはオレンジ色であり、オレンジ色または朱色の中肋があり、広卵円形または倒卵形である。花弁状花被片は濃黄色、長さ2.5～3.5cm、倒卵形から楕円状倒卵形である。花糸は淡黄色であり、柱頭は（6～）7～10個、黄白色である。液果は楕円状球形から梨形、両側にそれぞれ25～35個刺座がある。種子は多数で腎臓状円形である。

■ 識別要点

　分枝は淡緑色または灰緑色で、刺座はややクッション状であり、刺がないまたは1～6本展開の白色の刺がある。柱頭は（6～）7～10個、液果は両側にそれぞれ25～35個刺座がある。同属の植物 [*O. monacanthus*（Willd.）Haw.、単刺仙人掌] は中国雲南（南部）、広西省と福建省（南部）、台湾（沿海

地区）に帰化し、分枝は鮮やかな緑色で、光沢、結節状の刺座に1～3本直立の灰色の刺があり、液果の両側にそれぞれ10～15個刺座があるなどの特徴で、本種と区別できる。

■**生息環境および危害**

標高300～2,900 mの乾燥かつ熱い河谷または石灰岩山地に生息する。南方各地では本種をフェンスとして引種栽培する。果実は鳥類などの動物によって散布され、野生化する。刺は家畜を刺傷することで放牧に影響する。

■**制御措置**

潅水（積水）によって駆除する。オーストラリアでは、サボテン蛾（Cactus Moth, *Cactoblastis cactorum*）を導入して生物防止を行い、効果を発揮した。

■**生物学的特性**

多肉低木または小高木である。花期は5～6月である。種子で繁殖する。耐乾燥で、積水に弱い。日当りの良いところを好む。

■**中国での分布**

四川省、雲南省、貴州省、浙江省、福建省、広西省、広東省、台湾などに栽培され、チベット（東南部）、四川省（西南部）、雲南省（北部および東部）と広西省（西部）に帰化した。

■**世界での分布**

メキシコ原産。現在温暖地域に広く栽培され、地中海および紅海の沿岸、アフリカ南部と東部、およびアメリカ（ハワイ）、オーストラリアなどで帰化した。

■**中国侵入の初記録**

1645年にオランダ人によって台湾に引種栽培された。

■**染色体数**

$x = 11$。

038 ムギセンノウ(アグロステンマ、ムギナデシコ)

Agrostemma githago L.

科　名	ナデシコ科 Caryophyllaceae
属　名	ムギセンノウ属 *Agrostemma*
英文名	Corn Campion, Corn Cockle, Crown-of-the-field, Agrostemma Githago
中国名(異名)	麦仙翁、麦毒草、麦杆石竹

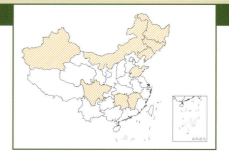

■形態的特徴
　草丈は 30 ～ 100 cm である。全体は白色で硬い長毛に密に覆われる。茎は直立する。葉は対生し、線形または線状披針形で、長さ 4 ～ 13 cm、幅 5 ～ 10 cm、基部がやや癒合する。花は単生のほうが多く、長い柄を持つ。萼は下部が合生して筒になり、裂片は葉状線形で、長さ 2 ～ 3 cm である。花弁は紫紅色、稀に白色であり、萼より短く、倒卵形で先端やや凹む。雄しべは 10 本でやや外に出る。花柱は 5 個で長毛が生える。蒴果は卵形で 5 歯裂がある。種子は腎臓形、成熟時は黒色で刺がある。

■識別要点
　葉は対生し、線形または線状披針形であり、萼の裂片は五つで葉状、萼筒より長い。花柱は 5 個である。

■生息環境および危害
　麦畑、または道端、荒地に生える。種子は有毒で、食糧に混入した場合、誤食によって人も家畜も中毒を起こす。野生化した本種は馬、豚、子牛と鳥類に直接な脅威となる。

■制御措置
　種子の管理を強化する。畑に幼苗が発見されたらすぐに人力的に駆除する。化学的防除は MCPA 剤、ジカンバなどの除草剤を使用する。

■生物学的特性
　一年生草本である。耐寒、耐乾燥、耐貧栄養である。花期は 6 ～ 8 月、果期は 7 ～ 9 月である。

■中国での分布
　黒竜江省、吉林省、遼寧省、内モンゴル、新疆、山東省、上海、四川省、湖南省、江西省などに栽培記録がある。

■世界での分布
　地中海東部地域原産。現在ヨーロッパおよびアジア温帯半乾燥地域に広く分布する。

88

■中国侵入の初記録
　19世紀に中国の東北地方で標本が採集された。1953年出版の『華北経済植物志要』に掲載された。
■染色体数
　$x = 12, 14$。

039 サボンソウ
Saponaria officinalis L.

科　名	ナデシコ科 Caryophyllaceae
属　名	サボンソウ属 *Saponaria*
英文名	Soapwort
中国名(異名)	肥皂草、草桃、草桂、石碱花

■形態的特徴

　全体は高さ20〜100 cm、緑色で無毛である。根は多肉質で、根茎は細く地面に匍匐し、茎は直立し、円形、上部が多数分枝し、節部は肥厚する。葉は対生し、楕円状披針形から楕円形であり、長さ4〜15 cm、幅1〜5 cm、3本の主脈があり、基部は徐々に狭く柄になり、茎を抱いてやや連生する。3〜7個の花を集めてつける集散花序は茎頂または上部の葉腋につく。萼は筒状に癒合し、長さ2 cm、先端が5歯裂し、花は薄紅色、赤または白色で、径約2.5 cm、花弁は5個、長卵形で、全縁、先端が凹形、基部は爪状となり、爪先に付属物がついている。雄しべは

90

10本、花冠から伸び出る。子房は長円形で、花柱2個である。蒴果は4歯裂である。種子は黒色で表面に微細な疣状凸起が密にある。

■識別要点
葉は対生し、基部は徐々に狭く、茎を半抱きする。萼の筒は縦の筋が数本あって花弁に付属物があり、花柱は2個である。

■生息環境および危害
住宅付近、または道端に生える。全草が有毒である。根と種子の毒性がより強い。人は根のエキスを誤食によって数時間後に瞳孔が拡大し、昏睡状態になる。家畜は大量誤食によって、嘔吐、腹痛、下痢など胃腸が刺激された症状を表す。

■制御措置
引種を控え、発生地に実る前に人力で駆除する。

■生物学的特性
多年生草本である。成長旺盛で、光を好み、耐半陰、耐寒で栽培しやすい。乾燥地と湿地にも生長する。土壌の類型と肥料を特に要求しない。

■中国での分布
黒竜江省、吉林省、遼寧省、山東省、湖北省の各地で広く栽培される。

■世界での分布
ヨーロッパ原産。地中海沿岸地域に広く分布する。

■中国侵入の初記録
伝来の時期が不詳であり、1953年に出版の『華北経済植物志要』に記載された。

■染色体数
$2n = 28 = 28m$,（$2x$）。

040 ムベンハコベ
Stellaria apetala Ucria ex Roem.

科　名	ナデシコ科 Caryophyllaceae
属　名	ハコベ属 *Stellaria*
英文名	Little Starwort
中国名（異名）	无瓣繁缕、小繁缕

■形態的特徴

茎は横に這うかまたは上部が斜めに上昇する。枝は多数分枝し、疎らに1行（列）の短柔毛が生える。葉は倒卵形から倒披針形で、長さ0.5～1cm、幅0.5cmぐらい、基部は下に柄まで伸び、下部の葉は柄があり、柄の長さ0.5cmで、両側に疎らな長柔毛がある。二出集散花序であり、花柄は長さ1cmぐらい、滑らかで無毛である。萼片は5個でごく細かな膜質の縁があり、宿存する。無花弁で雄しべは3～5個、3個の場合が多い。子房は卵形で、花柱は3個である。蒴果は長卵形で6裂する。種子は細小で、径約0.5mm、赤褐色、円腎臓形で、表面に疣状突起がある。

■識別要点

葉は対生し、倒卵形から倒披針形である。萼片は分離し、無花弁である。雄しべは通常3個、花柱も

3個である。

■**生息環境および危害**

道端、住宅付近、荒地と農地の一般的雑草である。主に早春に大量発生し、野菜畑に大きな被害をもたらす。

■**制御措置**

種子の検疫を強化する。大量発生の区域ではアセトクロルとMCPA剤を使用して防除する。

■**生物学的特性**

二年生草本である。肥沃な土壌を好む。苗期は10～11月、花期は3～4月、果期は4～5月である。種子で繁殖する。

■**中国での分布**

新疆、北京、河南省、安徽省、江蘇省、浙江省、江西省。

■**世界での分布**

地中海地域原産。現在北米、アジア地域にも分布する。

■**中国侵入の初記録**

1996年出版の『中国植物志』第26巻に記載された。

■**染色体数**

$2n = 22$。

041 ドウカンソウ（オウフルギョウ）

Vaccaria segetalis (Neck.) Garcke

科　名	ナデシコ科 Caryophyllaceae
属　名	ドウカンソウ属 *Vaccaria*
英文名	Cow Cockle, Cowherb Soapwort, Cow Soapwort
中国名(異名)	王不留行、麦蓝菜

■形態的特徴

草丈は30～70cmである。茎は直立し、上部で疎らに叉状分枝して節が肥厚する。葉は対生し、全縁で粉緑色であり、卵状披針形または卵状楕円形で、長さ2～9cm、幅1.5～2.5cm、先端は徐々に尖り、基部は円形または心臓形で茎を抱いている。集散花序は枝の先（頂生）につく。花柄の長さは1～4cmである。萼筒は5本の緑色の太い脈と5稜があり、花期が終わると萼の基部が膨む。花弁は5個、淡紅色、倒卵形であり、先端は全縁または不揃いな小歯牙があり、基部に長爪がある。雄しべは10個、花柱は2個である。蒴果は卵形、4歯裂で宿存性の萼に包まれる。種子は多数、球形、黒色である。

■識別要点

葉は対生し、基部は円形または心臓形で茎を抱いている。萼筒は5本の緑色の太い脈と5稜があり、花期が終わると萼の基部が膨む。花柱は2個である。

■生息環境および危害

麦畑、野菜畑または道端や荒地に生育する。早春に畑の雑草となって大量発生する。

■制御措置

種子の検疫を強化する。大量発生の区域ではアセトクロルとMCPA剤を使用して防除する。

■生物学的特性
　一年生草本である。肥沃な土壌を好む。花期は4〜5月、果期は5〜6月である。種子で繁殖する。
■中国での分布
　黒竜江省、吉林省、遼寧省、新疆、青海省、甘粛省、陝西省、チベット、四川省、雲南省、山西省、河北省、河南省、安徽省、江蘇省。
■世界での分布
　ヨーロッパ原産。現在ヨーロッパとアジア地域に広く分布する。
■中国侵入の初記録
　漢の時代にすでに中国に伝来したようである。明の時代の『本草綱目』に記載された。
■染色体数
　$2n = 30 = 4M + 10m + 16sm$。

042 オシロイバナ

Mirabilis jalapa L.

科　名	オシロイバナ科 Nyctaginaceae
属　名	オシロイバナ属 *Mirabilis*
英文名	Mirabilis
中国名（異名）	紫茉莉、草茉莉、地雷花

■形態的特徴

　根は粗大、円錐形で、黒色または深褐色である。茎は直立し、高さ1mになり、円柱形で上部がよく枝分かれし、節部が膨大する。葉は対生し、葉身が卵形または卵状三角形で、長さ5～15cm、先端が徐々に尖り、基部が切形またはハート形であり、無毛、長い葉柄を持つ。花は常に数個で枝の先に簇生する。総苞片は鐘状、苞片が萼状5裂し、果実のときに宿存する。花被は紫紅色、黄色、白色または雑色で、高盃形であり、檐部が五つの浅い裂となり、朝と黄昏に咲き、昼に閉じる。雄しべは5個、常に花被の外に伸び出す。痩果は球形で径5～8mm、黒色、表面に稜および皺紋がある。

■識別要点

　草本である。葉は対生し節がやや膨大する。花は1～数個簇生し、萼状の総苞片がある。花被は高盃形であり、檐部の径は2.5cm、果実は球形で表面に稜および皺紋がある。

■生息環境および危害

　各地の村の周り、道端に逸出して野生化し、単優

勢種の集団になる。地元の生物多様性に一定の影響があり、被害は大きくないが、根と種子は有毒である。
■制御措置
　種子が自然の生態系に入ることを抑制する。栽培の管理を強化する。
■生物学的特性
　一年生草本である。温暖、湿潤の環境を好む。土壌を選ばない。花期は 6 〜 10 月、果期は 8 〜 11 月である。種子で繁殖する。
■中国での分布
　中国南北各地で花卉植物として栽培される。北京、甘粛省（南部）、陝西省、河北省、河南省、山東省、四川省、重慶、貴州省、湖北省、湖南省、安徽省、江蘇省、上海、浙江省、江西省、福建省、広東省、海南島省などで逸出して野生化した。
■世界での分布
　熱帯アメリカ原産。現在世界の温帯から熱帯地域に広く引種、栽培され帰化する。
■中国侵入の初記録
　明朝の『草花譜』で記載された。
■染色体数
　$2n = 58$。

043 ヨウシュヤマゴボウ
***Phytolacca americana* L.**

科　名	ヤマゴボウ科 Phytolaccaceae
属　名	ヤマゴボウ属 *Phytolacca*
英文名	Droopraceme Pokeweed
中国名（異名）	美洲商陆、洋商陆、美国商陆、垂序商陆

■ 形態的特徴

　高さは1〜2m前後に達する。根は太く、茎は直立、円柱形で、常に紫紅色を帯びる。葉身は楕円形または卵状楕円形、長さ10〜20cm、幅3〜10cm、長さ1〜4cmの柄がある。総状花序は頂生または側生で、長さ約15cm、花柄の長さ6〜8mmである。花は白色で少々紅色を帯びる。花被片は5個、雄しべ、心皮および花柱も10個であり、心皮は癒合する。果序は下垂し、液果は扁球形で、熟すと紫黒色になり、種子は平滑である。

■ 識別要点

　草本である。葉は互生し、花被片は5個、白色または淡紅色である。雄しべは10個、心皮は10個で癒合する。果実は扁球形で、多液、熟すと紫黒色になる。同属のヤマゴボウ（*P. acinosa* Roxb.）は雄しべ8個、心皮8個で分離し、果序は直立することで本種と区別する。

■ 生息環境および危害

　村の近辺、道端、荒地に逸出して生息し、時に疎林に侵入して、当地の生物多様性に影響する。根と

液果は有毒であり、人と家畜に対して一定の被害をもたらす。

■制御措置

果実を食べる動物、特に鳥類によって種子が散布されるので、結実する前に人力で取り除くことが比較的理想的な方法である。

■生物学的特性

多年生草本である。温暖湿潤な環境を好む。土壌の質を選ばない。花期は6～8月、果期は8～10月である。種子で繁殖する。

■中国での分布

河北省、北京、天津、四川省、重慶、雲南省、貴州省、陝西省、山西省、河南省、湖北省、湖南省、山東省、江蘇省、安徽省、上海、浙江省、江西省、福建省、広西省、広東省、海南省、台湾。

■世界での分布

北アメリカ原産。現在世界各地へ引種、帰化した。

■中国侵入の初記録

1935年杭州で標本が採集された。

■染色体数

$2n = 18$。

044 | シュッコンハゼラン

Talinum paniculatum (Jacq.) Gaertn.

科　名	スベリヒユ科 Portulacaceae
属　名	ハゼラン属 *Talinum*
英文名	Panicled Fameflower, Jewals-of-opar
中国名（異名）	土人参、水人参、土洋参、栌兰

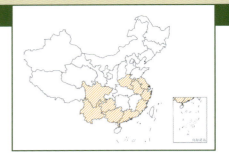

■形態的特徴

　直立草本であり、高さ60cmに達し、多肉質、株全体が無毛である。根は太く円錐形で、分枝する。葉は扁平で、倒卵形から倒卵状長楕円形であり、長さ5～7cm、幅2.5～3.5cm、先端がやや凹んで細い凸起があり、全縁で多肉質かつ光沢である。円錐花序は頂生または側生、分枝が多数で、花柄が細長く、花序の基部に苞片がある。花は淡紫色である。萼片は2個で卵円形であり、早脱落する。花弁は5個倒卵形または楕円形であり、雄しべは10個またはやや多い。子房は上位である。蒴果はほぼ球形で、径約3mm、3弁に開裂する。種子は多数、黒色で光沢があり、微細な腺点がある。

■識別要点

　葉は多肉質であり、円錐花序は頂生または側生で、分枝をしてさらに二分岐状分枝する。蒴果はほぼ球形で3弁に開裂する。

■生息環境および危害

　比較的適応性が強く、温暖と湿潤な環境を好む。乾燥で、さらに痩せた土壌にも耐えるが、比較的肥沃かつ軟らかな排水の良い砂質土壌のほうがより生長が良い。夏の野菜畑と苗圃場によく発生する一般的雑草である。

■制御措置

　引種の管理を強化する。

100

■**生物学的特性**
　多年生の直立草本である。花期は 5〜7 月、果期は 8〜10 月である。種子で繁殖する。
■**中国での分布**
　四川省、雲南省、貴州省、河南省、安徽省、江蘇省、浙江省、福建省、広西省、広東省など。中国の大部分の地域に引種栽培され、また中国の中部、南部および台湾で逸出して野生化する。
■**世界での分布**
　熱帯アメリカ原産。
■**中国侵入の初記録**
　1476 年頃に編纂された『滇南本草』に記載された。
■**染色体数**
　$2n = 24$。

045 ムラサキカタバミ

Oxalis corymbosa DC.

科　名	カタバミ科 Oxalidaceae
属　名	カタバミ属 *Oxalis*
英文名	Corymb Wood Sorrel
中国名(異名)	红花酢浆草、大酸味草、铜钱草

■ 形態的特徴

　草丈は約 35 cm になる。地上茎がなく、地下に小鱗茎が多数ある。葉は根生で、掌状三出複葉であり、小葉はハート形、幅 1.8 〜 3.5 cm で、先端は凹んで、両側のは角鈍形であり、疎毛がある。托葉は膜質で、葉柄の基部と融合して鞘状になる。葉柄の長さは 10 〜 33 cm である。5 〜 10 個の花の散形花序は花序柄が根生し、葉と同長または葉よりやや長い。花は淡紅紫色で濃い色の筋があり、花柄の長さが不揃い、1 〜 5 枚の小苞片がある。萼は 5 個で先には 2 個濃い赤色の楕円形の腺点がある。花は 5 弁で逆ハート形、無毛である。花柱は 5 個、蒴果は円柱形、長さ 1.7 〜 2 cm であり、毛がある。

■識別要点

　根生の葉は掌状三出複葉で、小葉は逆ハート形である。花は淡紅紫色、散形花序である。蒴果は円柱形である。

■生息環境および危害

　標高の低い山地、畑、庭園および道端に生息する。湿潤で軟らかな土に適する。中国では、本種は観賞植物として伝来し広く栽培され、野生化してから畑（作物）地によく見られる雑草となった。野菜畑、果樹園にもよく見られる。鱗茎はよく土がついている苗木について散布される。

■制御措置

　土がついている苗木について散布されることを防止する。発生地の鱗茎を掘り除く。または、ジカンバ水剤、MCPA水剤、2,4-ジクロロフェノキシ酢酸ナトリウムの水溶性粉剤、MCPA剤の水溶性粉剤、アトラジン溶液（Atrazine solution）とグリホサートなどの除草剤を使用して有効である。

■生物学的特性

　多年生の草本である。花・果期は6〜9月である。種子の量が多く、鱗茎が容易に分離するため、繁殖が迅速である。本種が発生する耕地にはほかの作物や雑草などがほとんど生長しない。

■中国での分布

　中国全域、台湾、香港。

■世界での分布

　熱帯アメリカ原産。現在世界の温暖地域に広く帰化し、分布する。

■中国侵入の初記録

　19世紀初期にBentham G.（1861）の『Flora Hongkongensis』に香港で報告された。

■染色体数

　$2n$ = 14, 28。

046 ｜ ショウジョウソウ
Euphorbia cyathophora Murr.

科　名	トウダイグサ科 Euphorbiaceae
属　名	トウダイグサ属 *Euphorbia*
英文名	Fire on the Mountain, Poinsettia, Wild Poinsettia
中国名（異名）	猩猩草、一品红

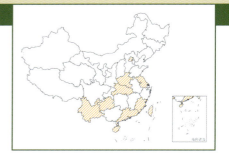

■形態的特徴

　草丈30～100cmで、全体無毛である。茎は直立し、上部が分枝する。葉は互生し、卵形または卵状楕円形で、長さ3～10cm、幅1～5cm、先端は尖りまたは丸く、基部は徐々に狭く、縁は全縁から波状の鋸歯から切れ込みがある。葉柄は長さ1～3cmである。総苞葉は数枚で、茎生の葉と同形、淡紅色または下部が赤色である。花序は数本あって、枝の先端に集散状につき、基部に短い柄がある。総苞片は鐘状で緑色、高さ5～6mm、先端は三角形の裂片が5個ある。総苞片の側面に扁杯状の腺体が1個ある。雄花は数個あり、雄しべは総苞片の外に伸び出し、雌花は1個で子房の柄も総苞片の外に伸び出す。子房は球形で無毛、花柱が3枚分離して、柱頭が2裂である。蒴果は3稜状球形、径3.5～4mm、無毛である。種子は卵円形で種枕がない。

■識別要点

　葉は互生し、茎先端の苞葉の基部が赤色である。総苞に扁杯状の腺体が1個あって、蒴果は3稜状球形、光滑無毛である。種子は種枕がない。近縁種のショウジョウソウモドキ（*E. heterophylla* L.）も広東省、雲南省で野生化している。苞葉は緑色、腺体は円形、

葉の両面に毛があって、果実に柔毛が生えるなどで本種と区別する。

■**生息環境および危害**

よく苗圃または花圃の付近に生息する。広東省、雲南省の一部地域では野生化雑草として蔓延する勢いがある。

■**制御措置**

花期の前に人力で取り除く。

■**生物学的特性**

一年生草本である。花・果期5～11月である。種子で繁殖する。

■**中国での分布**

中国の多数省、地区に栽培されている。北京、河南省、湖北省、貴州省、雲南省、江蘇省、福建省、広東省、海南省、台湾で野生化した。

■**世界での分布**

中南米原産。旧大陸で帰化した。

■**中国侵入の初記録**

1965年出版の『海南植物志』に記載された。

■**染色体数**

$2n = 28 = 16m + 12m,\ (4x)$。

047 ｜コバノショウジョウソウ
Euphorbia dentata Michx.

科　名	トウダイグサ科 Euphorbiaceae
属　名	トウダイグサ属 *Euphorbia*
英文名	Toothed Spurge
中国名(異名)	齿裂大戟、齿叶大戟

■ 形態的特徴

　草丈は20～50cmほどになり、株全体は無毛または柔毛におおわれる。茎は単一であるが、上部が多数分枝する。葉は対生し、線形から卵形であり、長さ2～7cm、幅5～20mmで、先端が尖りまたは鈍形であり、基部が徐々に狭くなり、縁は全縁、浅裂から波状歯裂である。葉柄の長さは3～20mmである。総苞片は2～3枚で、茎生の葉と同形である。花序は2～3に分枝、長さ2～4cmである。苞葉は数枚あり、退化した葉と混生する。枝の先端に花序数個を集散状につけ、基部に長さ1～4mmの柄がある。総苞は鐘状で、高さ約3mm、縁が5裂で、裂片が三角形であり、裂片の縁に引裂状、腺体が1個淡黄色で、総苞の側面につく。雄花は数個あり、総苞から出ていて、雌花は1個である。子房は球状、無毛で、花柱が3枚に分離し、先端の柱頭が2裂である。蒴果は扁球形で、長さ約2mmである。種子は褐色で、表面が不規則な疣状突起があってざらつく。種子の腹面に一つ墨色の溝紋（模様）がある。種枕(しゅちん)は盾状で、黄色、柄がない。

■識別要点

葉は対生し、縁は全縁、浅裂から波状歯裂である。総苞の腺体は通常1枚であり、付属物がない。種子には表面が不規則な疣状突起があって、倒円錐形である。

■生息環境および危害

常に圃場付近、雑草叢、道端および溝の傍に生息する。急速に拡散する雑草となり、さらに蔓延する勢いがある。

■制御措置

開花期の前に人力で駆除する。

■生物学的特性

一年生草本で、多様な環境に生長、適応する。花・果期は7〜10月である。種子で繁殖する。

■中国での分布

北京、河北省、湖南省。

■世界での分布

北アメリカ原産。

■中国侵入の初記録

1976年に北京市東北旺薬用植物栽培場で標本が採集された。

■染色体数

$2n = 28 = 28m$,（$4x$）。

107

048 ショウジョウソウモドキ

Euphorbia heterophylla L.

科　名	トウダイグサ科 Euphorbiaceae
属　名	トウダイグサ属 *Euphorbia*
英文名	Fireplant, Painted Euphorbia, Desert Poinsettia, Wild Poinsettia
中国名(異名)	白苞猩猩草

■形態的特徴

　草丈は1mに達する。茎は直立し、上部が枝分かれをし、柔毛におおわれる。葉は互生し、卵形から披針形で、長さ3～12cm、幅1～6cm、先が尖りまたは徐々に尖り、基部は鈍から円形である。葉の縁は鋸歯または全縁で、両面は柔毛におおわれる。葉柄の長さは4～12cmである。苞葉は茎生の葉より小さく同形であり、緑色または基部が白色である。花序は数本あり、集散形になって枝の先端につき、基部に短い柄があり、無毛である。総苞は鐘状で、緑色、高さ2～3cm、径1.5～5mm、縁が5裂で、裂片が卵形から鋸歯状である。通常、総苞の切れ目に杯状の腺体が1個ある。雄花は数個あり、雌花は1個で、子房柄は総苞片の外に抜き出さない。子房は疎らな柔毛におおわれ、花柱は3枚で、中部以下のほうで合生し、先端の柱頭が2裂である。蒴果は卵球形で、径3.5～4mm、柔毛がある。種子は菱状卵形で、種枕がない。

■ 識別要点
　葉は互生し、両面が被毛する。苞葉は緑色で、腺体は円形であり、蒴果は柔毛におおわれる。

■ 生息環境および危害
　河川敷、道端または村の付近によく生息する。広東省、雲南省などの一部地域ではすでに雑草になり、単種の優勢種群落としてさらに蔓延する勢いがある。

■ 制御措置
　開花期の前に人力で駆除する。

■ 生物学的特性
　一年生草本である。花・果期は 2 ～ 11 月である。種子で繁殖する。

■ 中国での分布
　四川省、雲南省、浙江省、広東省、台湾。

■ 世界での分布
　北アメリカ原産。旧大陸で栽培・帰化した。

■ 中国侵入の初記録
　1987 年に台湾で報告された。

■ 染色体数
　$2n = 28$。

049　シマニシキソウ

Euphorbia hirta L.

科　名	トウダイグサ科 Euphorbiaceae
属　名	トウダイグサ属 *Euphorbia*
英文名	Garden Spurge, Asthma Weed
中国名(異名)	飞扬草、大飞扬草

■形態的特徴

　茎は匍匐するかまたは根元から分枝して斜上し、高さ 15 〜 60 cm になり、褐色多細胞の粗毛が生える。葉は対生し、披針状楕円形、長楕円形または卵状披針形で、長さ 1 〜 5 cm、幅 5 〜 13 mm である。葉の基部がやや傾斜して不対称、中部以上の縁に細鋸歯を持ち、両面とも柔毛がある。葉柄の長さは 1 〜 2 mm である。花序は多数あり、葉腋に頭状に密集してつく。基部には柄がないかまたは極めて短い。総苞は鐘状で、柔毛におおわれる。縁は 4 裂で、4 個の腺体に白い付属物がある。雄花は数個、雌花は 1 個、総苞から出ていて、子房は 3 稜状、花柱の上部は浅い 2 裂である。蒴果は 3 稜状で、径 1 〜 1.5 mm、短柔毛が生え、成熟時に三つの分果に裂ける。種子はほぼ円状四稜形で、各稜の間に数本縦の溝があり、種枕がない。

■**識別要点**

褐色の粗毛が生える。葉は対生し、縁に細鋸歯を持ち、通常表面の中央部に紫斑がある。総苞に腺体は4個あり、白い付属物がある。蒴果は3稜状、短柔毛が生える。

■**生息環境および危害**

よく農地、荒地、道端などの砂質の土壌に生育する。畑、芝生によく見かける雑草である。全株が有毒であり、腹下し作用がある。

■**制御措置**

メチルアルソン酸水素ナトリウムと2,4-ジクロロフェノキシ酢酸ナトリウム一水和物などの除草剤を用いて駆除する。

■**生物学的特性**

一年生草本である。花・果期は6〜12月。種子で繁殖する。

■**中国での分布**

四川省、重慶、貴州省、雲南省、湖北省、湖南省、浙江省、江西省、福建省、広東省、広西省、海南省、台湾、香港、マカオ。

■**世界での分布**

熱帯アメリカ原産。現在熱帯、亜熱帯地域に広く分布する。

■**中国侵入の初記録**

1820年に初めてマカオで標本が採集された。

■**染色体数**

$2n = 18$。

050 コニシキソウ

Euphorbia maculata L.

科　名	トウダイグサ科 Euphorbiaceae
属　名	トウダイグサ属 *Euphorbia*
英文名	Spotted Spurge
中国名（異名）	斑地锦、美洲地锦

■形態的特徴

　茎は細柔らかく、長さ10〜17cm、疎らな柔毛が生えて、分枝が多数あって、地面に匍匐する。葉は対生し、楕円形または倒卵状楕円形で、長さ6〜12mm、幅2〜4mm、先端は鈍形、基部は左右が不揃いでやや傾斜した円形、縁の上部に通常細小の鋸歯があり、下部が全縁、両面が無毛で、表面が緑色、中央が紫斑を帯び、裏面が淡緑色であり、葉柄は短い。托葉は鏨形、縁に縁毛がある。花序は腋生で、短い柄がある。総苞は狭杯状で、高さ0.7〜1mm、外部に疎らな柔毛があって、縁が5裂である。4個の黄緑色の腺体が楕円形である。雄花は4〜5個あり、雌花は1個、子房の柄が総苞外に出ていて、柔毛が生える。花柱は短く、柱頭が2裂である。蒴果は三角状球形で、径2mm、白色の柔毛が生える。種子は卵状で、稜があり、長さ約0.6〜1mmである。

112

■識別要点

　一年生で地を這って広がる草本である。葉縁の上部に細小の鋸歯があり、表面の中央に紫色の斑紋がある。総苞の腺体は4個ある。

■生息環境および危害

　通常平野または低い海抜の山地の道端、湿地に生息し、悪くなった土壌、乾燥して硬い草地や農地（畑）に侵入する。北米大陸で本種が最も多く見られ、最も除去し難い雑草の一つとして挙げられた。中国では、落花生など作物畑の雑草であり、また圃場や芝生でよく見られる雑草でもある。適時に除去しなければ、容易に蔓延する。全株が有毒である。

■制御措置

　輸入種子の検疫を強化する。開花前に人力で駆除する。

■生物学的特性

　一年生草本である。花期は3〜5月、果期は6〜9月である。種子で繁殖する。

■中国での分布

　河北省、北京、陝西省、山東省、河南省、湖北省、湖南省、江蘇省、上海、浙江省、江西省、広東省、台湾。

■世界での分布

　北アメリカ原産。現在ユーラシア大陸に広く分布する。

■中国侵入の初記録

　1940年代に上海、江蘇省などの地域に出現し、1963年に湖北省の武漢で標本が採集された。

■染色体数

　$2n = 40 = 36m + 4sm$，$(4x)$。

051 オオニシキソウ

Euphorbia nutans Lag.

科　名	トウダイグサ科 Euphorbiaceae
属　名	トウダイグサ属 *Euphorbia*
英文名	Nodding Spurge
中国名(異名)	大地锦、美洲地锦草

■形態的特徴

　草丈8～18cmである。茎は直立し、枝分かれをして斜上する。茎の片側にねじり毛が生え、若い茎のほうが目立つ。葉は対生し、葉片は楕円状披針形または鎌状披針形で、長さ8～25mm、基部は左右が不揃いで、縁辺に鋸歯がある。葉柄の長さは1～1.5mmである。杯状集散花序は葉腋間に単生または枝先に集散状配列してつく。総苞片は倒円錐状で、円形から楕円形の腺体が4個あり、付属物が白色から赤味を帯びる。総苞内は雄花5～11個あり、雌花の子房は無毛である。蒴果は卵状球形で、成熟時に三つに裂ける。種子は楕円形で、4本の縦稜があり、稜の間に横の波模様がある。

■識別要点

　一年生直立草本である。葉は対生し、葉片は楕円状披針形または鎌状披針形で、縁に鋸歯がある。総苞に腺体は4個あり、付属物が白色または赤味を帯びる。蒴果は卵状球形で、無毛である。

■ 生息環境および危害

　よく乾燥土、砂利に生育する。湿る環境においても成長できる。国外では、牧場、芝生、果樹園などに被害をもたらす。中国では、畑の畦や道端および河原にしか見られなく、被害は多くないが、監視を強化する必要がある。

■ 制御措置

　開花の前に人力で駆除する。

■ 生物学的特性

　一年生草本である。花・果期は 6 ～ 9 月である。種子で繁殖する。

■ 中国での分布

　遼寧省、北京、安徽省、江蘇省。

■ 世界での分布

　北米原産。現在南米、ロシア、日本などの地域に分布する。

■ 中国侵入の初記録

　1998 年に出版の『中国雑草志』に記載された。

■ 染色体数

　$2n = 22$。

115

052 トウゴマ

Ricinus communis L.

科　名	トウダイグサ科 Euphorbiaceae
属　名	トウゴマ属 *Ricinus*
英文名	Castorbean, Castor-oil Plant
中国名(異名)	蓖麻

■形態的特徴

　茎は高さ2mぐらい、光滑、薄緑色、多液質である。葉は互生、長い柄があって、盾状に着生する。葉身は大きく、外形はほぼ円形であり、径20～90cm、掌状で5～11裂をして、裂片の縁に鋸歯があり、網状脈が明瞭で両面は無毛、通常緑色であり、褐赤色の品種もある。葉柄は太いが中空であり、基部に皿状腺体がある。円錐状花序は長さ約20cmであり、雌雄同株で、雌花は上部につき、花柱が薄ピンク、先が2裂で、子房の表面に疣状凸起がある。雄花は花

序の下部につき、淡黄色で、雄しべが多数あり、花糸が不規則に癒合する。蒴は楕円形、通常軟らかい刺がある。種子は楕円形、光滑で褐白色の斑紋がある。種枕が大きい。

■識別要点

葉は互生、長い柄があって、盾状着生する。雌雄同株で雌花は花序の上部に、雄花は花序の下部につく。蒴果は通常軟らかい刺がある。

■生息環境および危害

海抜の低い村の傍、疎林、河岸および荒地にて野生化する。在来植物を排除するかまたは栽培植物に被害を与える。南方地域では多年生の本種は多種の病害虫の宿主になる（例えば、ある害虫の越冬に有利な環境を提供する）。また、ヒマの毒性タンパク質およびアルカロイドのリシニンが種子に含まれている。種子の誤食によって中毒死する。

■制御措置

野生化した株を実る前に人力で駆除する。根元までを抜き除くことが有効である。化学防除はクロリムロンエチルなどの経葉吸収性の除草剤を用いて、苗期の異なる成長状況により使用することでより効果が良い。ヒマ種子の含油量が高いので、エネルギー源植物として総合的利用することが考えられる。

■生物学的特性

一年生の大きな草本または低木状草本である。花期は7～9月、果期は10～11月である。主に種子によって繁殖する。

■中国での分布

全国各地で栽培され、野生化している。

■世界での分布

アフリカ原産。世界中の熱帯から暖温帯地域にて栽培され、帰化した。

■中国侵入の初記録

649年に編纂の『唐本草』に記載された。

■染色体数

$2n = 20$。

053 クサトケイソウ

Passiflora foetida L.

科　名	トケイソウ科 Passifloraceae
属　名	トケイソウ属 *Passiflora*
英文名	Weed Passion Flower
中国名(異名)	龙珠果、香花果、龙珠草、龙须果、假苦果

■形態的特徴

　茎は軟弱な蔓性草本である。全体に悪臭がし、柔毛が生える。葉は膜質で、卵形から楕円状卵形であり、長さ6〜10cm、浅い3裂または不規則な波状で睫毛があり、先端は短く尖りまたは徐々に尖り、基部はハート形で、葉の両面と葉柄も柔毛と多少の腺毛が混生している。葉脈は掌状で、托葉は睫毛状に裂ける。裂片の先端に腺体がある。葉柄は長さ2〜6cmである。花は単生し、白色または淡紫色、直径約5cm、外側に3個の苞片からなる総苞片がある。苞片は1〜3回の羽状分裂で多数毛状の裂片になり、裂片の先端に腺体がある。萼片の長さは1.5cmで、花弁は5個で萼片と同じ長さ、白色または淡紫色である。副花冠は3輪の裂片からなる。雄しべは

5個であり、子房は楕円状球形で、花柱は3～4個、柱頭は頭状である。液果は卵球形で、長さ3～5cm、種子が多数ある。
■識別要点
　巻きひげを持つ草質藤本である。花は単生し、総苞片は三つで羽状分裂をし、裂片の先端に腺体がある。副花冠がある。液果は卵球形である。
■生息環境および危害
　標高120～500mの草地、道端によく見られ、常にほかの植物に絡み付き成長する。大面積の単種優勢群落になり、サトウキビなどの農作物に被害をもたらす。現地の生態系が破壊され、生物多様性が減少することになる。
■制御措置
　実りの前に人力で駆除する。秋耕と春耕の時期に合わせて、根茎を地上にひっくり返して乾燥させる。

また、グリホサートと 2,4-ジクロロフェノキシ酢酸ナトリウムなどの吸収性除草剤で防除する。
■生物学的特性
　草質藤本である。常にほかの植物に絡み付き成長する。花期は7～8月、果期は翌年の4～5月である。種子で繁殖する。
■中国での分布
　雲南省（南部）、福建省（南部）、広西省、広東省、海南省、台湾、香港。
■世界での分布
　サン・アンドレス諸島原産。現在汎熱帯地域の雑草である。
■中国侵入の初記録
　1861年に香港で報告された。
■染色体数
　$2n = 20$。

054 スズメノトケイソウ

Passiflora suberosa L.

科　名	トケイソウ科 Passifloraceae
属　名	トケイソウ属 *Passiflora*
英文名	Cork-bark Passion Flower, Corkstem Passion Flower, Corky Passion Flower, Corkystem Passion Flower
中国名(異名)	三角叶西番莲、南米西番莲

■形態的特徴

　茎は軟弱な蔓性草本である。腋生の巻きひげを持つ。茎には微柔毛が生える。葉は互生し、長さ5.5～7cm、幅6～8.5cm、3裂をし、裂片は卵形から三角形で、縁には睫毛があり、先端が鋭尖または徐々に尖り、基部がハート形である。葉の両面と葉柄にも柔毛が生え、葉脈は3出である。葉柄の基部には1対腺体がある。托葉は線形または鏨形である。花は腋生して、通常は対になり、花柄の長さは1～2cm。萼片は5個、楕円形から線形、長さ6～8mmで、花冠は欠如し、外輪の副花冠は線状に反り曲がり、緑色で、先端近くは黄色を帯び、長さ2～3mmである。雄しべは5個、子房はほぼ円球形、花柱は3個で頭状柱頭である。液果は卵状球形、径1～1.2cm、成熟すると黒紫色になる。

■識別要点

　巻きひげを持つ草質藤本である。葉は3裂をし、裂片が三角形で、葉柄の基部には1対の腺体がある。花は常に対になり、花冠は欠如し、外輪の副花冠は線形、液果は卵状球形である。

■生息環境および危害

　草地、道端によく見られ、常にほかの植物に絡み

付き成長する。一定面積の単種優勢群落になり、現地の生物多様性に影響を与える。華南地区では栽培の量は多くないが、自然に集団となり、徐々に勢力を拡大する勢いがある。そのため、漫延する可能性に注意する必要がある。

■ 制御措置

引種栽培を制限する。発生する地域では実りの前に人力で駆除する。

■ 生物学的特性

草質の藤本であり、常にほかの植物に絡み付き成長する。花期は 8 〜 11 月、果期 9 〜 12 月である。種子で繁殖する。

■ 中国での分布

福建省（アモイ）、広東省、台湾。

■ 世界での分布

南アメリカ原産。

■ 中国侵入の初記録

1979 年に台湾で報告された。

■ 染色体数

$2n = 18$。

121

055 キンゴウカン

Acacia farnesiana (L.) Willd.

科　名	マメ科 **Leguminosae**
属　名	アカシア属 ***Acacia***
英文名	Wattle
中国名（異名）	金合欢、鸭皂树、刺球花、消息树、牛角花

■ 形態的特徴

　小高木で、高さ2～4mである。枝に長さ1～2cmに達する托葉刺〔托葉から特化した刺〕を持つ。2回偶数羽状複葉は長さ2～8cm、葉軸に灰色の柔毛および腺体があり、10～20対の小葉からなる羽片が2～4対ある。小葉は線状長楕円形、長さ2～7mm、幅1～1.5mmである。頭状花序は腋生で、径1.5cm、常に2～4個で簇生する。花は黄色、花冠合生し筒状になる。雄しべは多数、長さが花冠の2倍である。豆果は円柱形、長さ3～7cm、幅約8～15mmである。種子は多数で黒色である。

■ 識別要点

　托葉刺を持つ。2回偶数羽状複葉で、球形花序をつけ、黄色い花に雄しべが多数ある。豆果は円柱形である。

■ 生息環境および危害

　通常、観賞植物として栽培され、道端、荒地に野生化する。本種は有毒なタンニン酸を有するので、家畜が誤食すれば死亡に至る。危険性が高い。

■制御措置
　引種栽培を制限する。発生した地域では人力で駆除する。
■生物学的特性
　低木または小高木で、日当りの良い土地、肥沃な土壌で生長する。花期は3～6月、果期は7～11月である。種子で繁殖する。
■中国での分布
　四川省、重慶、雲南省、広西省、貴州省、浙江省、福建省、広東省、海南省、台湾。
■世界での分布
　熱帯アメリカ原産。現在世界の熱帯地域に広く分布する。
■中国侵入の初記録
　1645年にオランダ人が台湾に導入したと1685年編纂の『台湾府志』に記載された。
■染色体数
　$2n = 78$。

056 カワラケツメイ

Cassia mimosoides L.

科　名	マメ科 Leguminosae
属　名	カワラケツメイ属 *Cassia*
英文名	Sensitiveplant-like Senna
中国名(異名)	含羞草決明、山扁豆、決明子、望江南

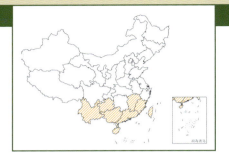

■形態的特徴

　草丈は30～60 cmである。茎は直立、時に匍匐し、多分枝し、よく短柔毛が被う。偶数羽状複葉は長さ4～10 cm、葉柄の基部と最下の1対小葉以下の間に皿状無柄の腺体が一つある。小葉は20～50対、線形、長さ3～4 mm、幅1 mm、全縁で、基部が丸く偏斜する。托葉は条形、宿存する。花は腋生、長さ6 mm、単生または2～数個で、短い総状花序に配列される。萼は5枚、分離して、披針形、黄色い疎毛がある。花弁は黄色く、5枚で大きさが不揃い、萼片よりやや長い。雄しべは10個、長いものと短いものが相互に配列される。豆果は扁平で長さ4～6 cm、幅4～5 mm、線形で柔毛があり、種子が10～20粒ある。

■識別要点

　半低木状草本、偶数羽状複葉で、小葉は20～50対、長さ3～4 mm、豆果は鎌状、扁平、長さ4～6 cmである。

■生息環境および危害

　広野、山地、林縁、農地、道端に生息する。一部

の地域に、果樹園、若い林、苗圃にある程度の危害を与える。

■制御措置

人力または機械的に駆除する。パラコートジクロライドとグリホサートなどの除草剤を用いて化学的に防除することもできる。

■生物学的特性

半低木状草本、温暖または涼しい気候を好む。土壌の質に対するこだわりがなく、砂質の土壌や粘土質の土でも生長できる。種子と根茎によって繁殖する。

■中国での分布

雲南省、貴州省、江西省、福建省、広西省、広東省、海南省、台湾。

■世界での分布

熱帯アメリカ原産。現在世界熱帯地域に広く分布する。

■中国侵入の初記録

20世紀半ばの1955年出版の『中国主要植物図説－豆科』に記載された。

■染色体数

$n = 16$。

057 ギンネム（ギンゴウカン）

Leucaena leucocephala (Lam.) de Wit.

科　名	マメ科 Leguminosae
属　名	ギンゴウカン属 *Leucaena*
英文名	White Popinae
中国名(異名)	银合欢、白合欢

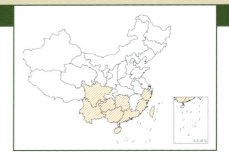

■形態的特徴

　樹高は2〜6mである。若枝は柔毛あり、古枝は無毛、無刺で、褐色の皮孔がある。2回偶数羽状複葉は葉軸に柔毛があり、羽片4〜8対、最下の1対の羽片の間に黒色の腺点が一つあり、各羽片が5〜15対、小葉を持つ。小葉は線状長楕円形、長さ7〜13mm、幅1.5〜3mmである。頭状花序は常に2〜3個腋生、径2〜4cmである。花は白色、萼の長さ約3mm、その先端に5個の細歯があり、花弁が狭倒披針形、長さ5mm、雄しべが10個で子房に短柄がある。豆果（＝莢果）は帯状、扁平、長さ10〜18cm、幅12〜18mmである。種子は多数、褐色、扁平、光沢あり、長さ約6mmである。

■識別要点

　枝は無刺で、2回偶数羽状複葉である。球形の花序に白色花がつく。雄しべは10個で花弁は分離する。豆果は扁平、帯状である。

■生息環境および危害

　通常、観賞植物または並木として栽培されるが、道端、荒地、山地で野生化する。本種は成長が速く、化学感受作用によって、ほかの樹木の成長に影響を与える。雲南南部の一部地域（元江）ですでに疎林まで拡散し、蔓延する。枝葉は有毒である。牛、羊は大量に食すと、脱毛に至る。

■制御措置

　引種栽培を控える。厳重発生の地域での人力での

伐採またはほかの低、高木種の代替植栽によって制御する。

■生物学的特性

　低木または小高木で、低い海抜の荒地、山林中に生息する。若い株は凍害に敏感であるが、育つと抗凍害力が強くなる。根系は土の深くまで分布、耐乾能力が強い。花期は2～7月、果期は8～11月。種子繁殖と枝の栄養繁殖を行う。

■中国での分布

　四川省、雲南省、貴州省、広西省、湖南省、浙江省、福建省、広東省、海南省、台湾、香港、マカオ。

■世界での分布

　熱帯アメリカ原産。現在世界の熱帯地域に広く分布する。

■中国侵入の初記録

　1645年にオランダ人によって台湾に導入された。

1685年編纂の『台湾府志』に記載された。

■染色体数

　$2n = 36 = 32m（4at）+ 2sm + 2st，（2x）$。

127

058 ムラサキウマゴヤシ

Medicago sativa L.

科　名	マメ科 Leguminosae
属　名	ウマゴヤシ属 *Medicago*
英文名	Alfalfa
中国名(異名)	紫苜蓿、苜蓿、紫花苜蓿

■形態的特徴
　草丈は 30～60 cm である。茎は多分枝をする。3出複葉は互生、小葉は倒卵形または倒披針形、上部の葉縁に鋸歯がある。托葉は披針形である。総状花序、萼片に毛がある。萼歯が狭披針形。花は藍紫色、花冠は蝶形、萼より長い。雄しべは 10 個、多数のものは 9 個合生で 1 個分離する。子房に毛がある。豆果は螺旋状に巻き、数個の種子が生じる。種子は腎臓形で黄褐色である。

■識別要点
　3出複葉、小葉の上部葉縁に鋸歯がある。総状花序、花は藍紫色、豆果は螺旋状に巻く。同属の侵入植物ウマゴヤシ(*M. hispida* Caertn.)は一、二年生草本である。花冠が黄色く、豆果は皿状、刺または疣状突起があることで本種と区別する。

■生息環境および危害
　田圃の周り、道端、草地、河岸、溝谷に生息する。飼料として中国全国に引種栽培され、後に野生雑草になる。ある程度土壌の改良に作用がある。被害は少ない。

■制御措置
　引種導入を控える。化学的防除をするにはグリホサート、フルロキシピルメプチルエステルの除草製剤と MCPA 剤を使用する。

■生物学的特性
　多年草である。喜光、耐寒、耐乾である。中性または弱酸性の土壌に適する。花期は 6～8 月、果期は 8～9 月であり、種子で繁殖する。

■中国での分布
　全国各地に栽培され、または半野生状態に分布する。

■世界での分布
　アジア西部原産。

■中国侵入の初記録
　1841～1846 年編纂の『植物名実図考』に記載された。

■染色体数
　$2n = 32$。

129

059　シロバナシナガワハギ

Melilotus albus Medic. ex Desr.

科　名	マメ科 Leguminosae
属　名	シナガワハギ属 *Melilotus*
英文名	White Sweetclover
中国名（異名）	白香草木樨、白花草木樨

■形態的特徴
　植物全体が香りを発する。茎は直立して、高さ1〜4 mである。羽状3小葉の複葉は互生する。小葉は楕円形または披針状楕円形、長さ2〜3.5 cm、幅0.5〜1.2 cm、先端は切形、微凹し、縁に細鋸歯がある。総状花序は腋生し、萼は鐘状、微小柔毛がある。萼歯が三角形で萼管と同長、花冠は白色、萼よりやや大きい。旗弁は翼弁よりやや長い。豆果は卵球形、灰茶色、網目状突起の脈があり、無毛である。種子は1〜2粒で、腎臓形で黄褐色である。

■識別要点
　葉は茎の下部に対生、上部に互生、2〜3回羽状分裂、裂片が条形（線形）である。雌雄同株、豆果は倒卵形、倒卵形の総苞片に包まれる。

■生息環境および危害
　羽状3小葉の複葉、小葉の縁に細鋸歯がある。総状花序は腋生し、花は白色で、種子は1〜2粒である。

■制御措置
　種子を農地に持ち込むのは厳禁である。

■生物学的特性
　二年生草本である。花・果期は6〜9月であり、種子で繁殖する。

■中国での分布
　黒竜江省、吉林省、遼寧省、河北省、新疆、青海省、甘粛省、陝西省、チベット、四川省、雲南省、貴州省、山西省、河南省、江蘇省、安徽省、福建省。

■世界での分布
　ヨーロッパ、西アジア原産。現在世界各地に栽培される。

■中国侵入の初記録
　19世紀に導入された可能性がある。1955年出版の『中国主要植物図説－豆科』に記載された。

■染色体数
　$2n = 16$，$(2x)$。

060 キダチミモザ

Mimosa bimucronata (DC.) Kuntze
(Syn. *M. sepiaria* Benth.)

科　名	マメ科 Leguminosae
属　名	オジギソウ属 *Mimosa*
英文名	Torny Mimosa, Giant Sensitive Plant
中国名(異名)	光荚含羞草、筋仔樹

■形態的特徴

落葉低木で、樹高3～6mである。円柱状の小枝は疎らな刺と密な黄色絨毛がある。2回羽状複葉には羽片が6～7対で、長さ2～6cm、葉軸に刺がなく、短柔毛であるが、小葉は12～16対、線形で長さ5～7mm、幅1～1.5mm、革質、先端が小さく尖り、小葉の全体は無毛である、縁辺のみ縁毛がある。頭状花序は球形で、花は白色である。萼はコップ状、花冠は長さ2mm、基部で合生する。雄しべは8個、花糸の長さ4～5mmである。豆果(＝荚果)は真直ぐ帯状、長さ3.5～4.5cm、幅6mmで、刺と毛はなく、褐色、通常5～7個の荚節があり、成熟時に荚節が脱落して荚の縁が残留する。

■識別要点

本種は円柱状の小枝に疎らな刺と密な黄色絨毛があり、小葉は革質、花は白色、豆果は帯状、無刺、無

毛であるなどの特徴で、同属のほかの種類と容易に区別できる。華南地域のもう一つの帰化した低木種、ミモザ・ピグラ [*M. pigra* (Adelba) Velk.] は花がピンクから淡紫色で本種と区別できる。ミモザ・ピグラは IUCN に「世界の侵略的外来種ワースト 100」の一つとしてリストアップされた。厳重に注意するべきである。

■生息環境および危害
渓流の傍および疎林の下に生息する。侵入性が強い。生態環境と経済に多大な被害をもたらす可能性がある。

■制御措置
引種栽培を制限する。開花の前に根元まで掘り除く。

■生物学的特性
落葉低木。花期は 3 〜 9 月、果期は 10 〜 11 月である。

■中国での分布
雲南省、広西省、広東省、海南省、香港。

■世界での分布
熱帯アメリカ原産。

■中国侵入の初記録
1950 年代に広西省中山県にアメリカの華僑によって導入された。

■染色体数
$x = 13, 14$。

061 ブラジルミモザ

Mimosa diplotricha C. Wright ex Sauvalle
(Syn. *M. invisa* Mart. ex Colla)

科 名	マメ科 Leguminosae
属 名	オジギソウ属 *Mimosa*
英文名	Thorny Mimosa, Giant Sensitive Plant
中国名（異名）	巴西含羞草、美州含羞草

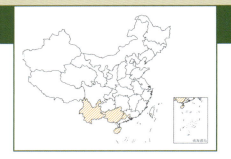

■形態的特徴

　低木状草本で、茎は斜めに立ち上がるか、地面に横這え、長さ60cm、柱状で5稜があり、疎らな長い柔毛が被い、稜にそって鉤状刺が密生する。2回羽状複葉は長さ10〜15cm、総葉柄および葉軸に鉤状刺が4〜5列ある。羽片は（4〜)7〜8対、長さ2〜4cmである。小葉は（12〜）20〜30対、線状楕円形、長さ3〜5mm、幅約1mmで白色の長い柔毛がおおう。頭状花序は開花時の花糸の長さに合わせて径1cmになり、葉腋に1〜2個つく。総花柄の長さは5〜10mm。花は紫紅色、萼が4歯裂、花冠が鐘状、長さ2.5mm、中部以上4歯裂、外側がやや被毛する。雄しべは8個で、花糸が花冠より数倍長い。子房は円柱状、花柱が細長い。豆果は楕円形、長さ2〜2.5cm、幅4〜5cm、縁辺と莢の節に刺毛がある。

■識別要点

　羽片4〜8対、雄しべを8個持つ特徴によってオジギソウと区別する。また、茎は5稜柱状、豆果の縁辺と莢の節に常に刺毛があることでキダチミモザ

と区別できる。本種のもう一つの変種(*M. diplotricha* var. *inermis*)は茎に鉤状刺がなく、豆果の縁辺と莢の節に刺毛がないことから本種と区別するが、分布域が同じである。

■生息環境および危害

　荒野、荒地に生息する。本種は生態適応性が強く、成長が速い。一旦蔓延すれば生態系と経済に深刻な損害を引き起こす可能性が高い。

■制御措置

　開花の前に定期的に根元まで抜き除く。

■生物学的特性

　多年生低木状草本である。荒野、荒地に生息する。花・果期は3〜9月である。

■中国での分布

　雲南省、広西省、広東（深圳、広州、肇慶）、海南省、台湾（南部）、香港。

■世界での分布

　南アメリカとメキシコ原産。現在アフリカ（中部）、中・南米、アジア、オーストラリア、カリブ海地域、インド洋のモーリシャス、太平洋の北マリアナ諸島とソロモン諸島などの地域に広く分布する。

■中国侵入の初記録

　1956年出版の『広州植物志』に記載された。

■染色体数

　$2n = 24$。

062 オジギソウ（ネムリグサ）

Mimosa pudica L.

科　名	マメ科 Leguminosae
属　名	オジギソウ属 *Mimosa*
英文名	Pink Woodsorrel, Sensitive Plant
中国名(異名)	含羞草、知羞草、呼喝草、怕丑草

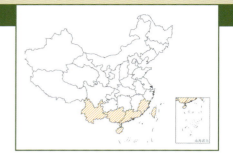

■形態的特徴

　草丈は 40 cm である。茎は直立、多数分枝し、基部は木質化する。植物全体には多くの鋭刺と逆刺しが散在する。2 回羽状複葉であるが、2〜4 枚の羽片が指状に配列され、羽片を並べた小葉が 10〜20 枚、小葉が線状楕円形、長さ 8〜13 mm、幅 1.5〜2.5 mm である。葉柄の長さは 4〜6 cm である。花は小さく、淡紅色、径約 1 cm の頭状花序に集まる。萼は鐘状、8 個の微小な萼歯がある。花弁の中下部が合生し、雄しべは 4 個で、外に伸び出す。豆果は楕円形、長さ 1〜2 cm、幅約 5 mm、扁平で、波状の縁に剛毛があり、3〜4 節の莢であり、各節に種子 1 個がある。

■識別要点

茎は円柱形で直立、多くの鉤刺と逆刺が散在する。2回羽状複葉に羽片が2対である。雄しべは4本、豆果の縁に剛毛がある。羽片2対と雄しべ4個の特徴によって、同属のほかの侵入種と区別できる。

■生息環境および危害

よく荒野、荒地、果樹園、苗圃に生息し、南方地域の秋熟する作物の畑と果樹園の雑草である。植物体は有毒であり、広東省の西部と広西省の南部から、牛による本種の誤食、中毒死亡の報告があった。

■制御措置

引種栽培を控え、発生地に即時に駆除する。

■生物学的特性

多年生草本である。花期5〜7月、果期6〜8月。温暖湿潤な環境、肥沃な砂質の土壌、日当りの良い土地を好む。半陰にやや耐えるが、寒冷に弱い。

■中国での分布

雲南省、広西省、福建省、広東省、海南省、台湾、香港。

■世界での分布

熱帯アメリカ原産。現在汎熱帯地域の雑草になっている。

■中国侵入の初記録

明朝末期〔17世紀〕に観賞植物として導入され、1777年出版の『南越筆記』に記載された。

■染色体数

$2n = 52 = 40m（1sat）+ 6sm + 6st$。

063 ホソミエビスグサ
Senna tora (L.) Roxb. (Syn. *Cassia tora* L.)

科　名	マメ科 Leguminosae
属　名	カワラケツメイ属 *Senna*
英文名	Sickle Senna
中国名（異名）	决明、草决明、假花生、假绿豆、马蹄决明

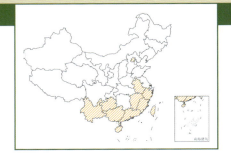

■形態的特徴

　草丈は1～2mである。茎は直立で、頑丈である。偶数羽状複葉は長さ4～8cm、葉柄に腺体はないが、葉軸の各対小葉の間に1個棒状の腺体がある。小葉は3対で倒卵形から倒卵状楕円形、長さ1.5～6.5mm、幅0.8～3mm、全縁で、基部が徐々に狭くなって偏斜し、両面に柔毛がある。托葉は線形、早落である。花は通常2個で腋生し、花柄の長さは6～10mmである。萼は5枚、分離し、5枚の花弁は黄色く、萼片よりやや長く、大きさが不揃いで下部の2枚がやや長い。雄しべは10個で、3個が不稔である。豆果は線形で、長さ10～15cm、幅3～4mm、種子が約25粒ある。

■識別要点

　半低木状草本、小葉は3対、豆果は線形で、長さ10～15cmである。同属の侵入植物のハブソウ（*S. occidentalis* L.）の小葉は4～5対、葉柄基部の上方に腺体が1枚、豆果は扁平、長さ10～13cmであ

ることなどによって本種と区別する。
■**生息環境および危害**
　広野、山地、林縁、農地、道端に生息する。一部地域の果樹園、若林、苗圃にある程度の被害をもたらす。
■**制御措置**
　人力または機械で駆除する。パラコートジクロライドとグリホサートなどの除草剤を用いて化学的に防除することもできる。
■**生物学的特性**
　半低木状草本、温暖または涼しい気候を好む。土壌の質に対するこだわりがなく、砂質や、粘土質な土壌でも生長できる。花・果期は通年である。種子と根茎によって繁殖する。

■**中国での分布**
　北京、安徽省、雲南省、貴州省、浙江省、江西省、福建省、広西省、広東省、海南省、台湾。
■**世界での分布**
　熱帯アメリカ原産。現在世界熱帯地域に広く分布する。
■**中国侵入の初記録**
　1955年出版の『中国主要植物図説−豆科』に記載された。
■**染色体数**
　$2n = 26, 28, (x = 14)$。

064 ムラサキツメクサ

Trifolium pratense L.

科　名	マメ科 Leguminosae
属　名	シャジクソウ属 *Trifolium*
英文名	Red Clover
中国名（異名）	红车轴草、红三叶草、红荷兰翘摇

■形態的特徴

　草丈は30〜100 cmである。茎は疎らに分枝する。葉は互生、掌状3出の複葉であり、小葉は楕円状卵形から卵状楕円形、長さ2.5〜4 cm、幅1〜2 cm、縁に細い鋸歯がある。頭状花序は腋生、総苞片は卵形、先端が鋭尖で縦脈がある。萼は筒状で、上部の裂片は線状披針形、最下の1枚はほかの裂片より長い。花冠は淡紫紅色または紫色である。豆（莢）果は倒卵形、長さ約2 mm、宿存の萼に包まれ、種子は1個、腎臓形で黄褐色から黄紫色である。

■識別要点

　掌状3出の複葉であり、小葉は楕円状卵形から倒卵状楕円形、常にV字型の白色の斑がある。托葉は離生、部分的に尾状に伸びて尖る。頭状の総花序は無柄であり、花冠は淡紫紅色または紫色である。同属の外来植物ベニバナツメクサ（*T. incarnatum* L.）は主に離生の托葉三角形、頭状花序は長筒状、総状花序に柄があり、萼に長硬毛を生えるなどで本種と区別する。

■生息環境および危害

　田辺、道端、湿地に生える。各地に引種栽培され、後に野生化し、農地、果樹園や桑園に侵入して、深刻な被害をもたらす。

■制御措置

　引種栽培の区域を控え、フルロキシピルメプチルエステルの除草剤とMCPA剤で駆除する。

■生物学的特性

　多年生草本であり、乾燥と水害に弱い。花期は6

～8月、果期は8～9月であり、種子で繁殖する。
■中国での分布
　黒竜江省、吉林省、遼寧省、河北省、山西省、河南省、雲南省、四川省、安徽省、江蘇省、江西省、浙江省。
■世界での分布
　ヨーロッパ中部原産。

■中国侵入の初記録
　1954年出版の『重要牧草栽培（M）』に記載された。
■染色体数
　$2n = 16$。

141

065 シロツメクサ

Trifolium repens L.

科　名	マメ科 Leguminosae
属　名	シャジクソウ属 *Trifolium*
英文名	White Clover, White Trefoil
中国名（異名）	白车轴草、白三叶草、白花苜蓿、三消草

■形態的特徴

　茎は匍匐し、全株無毛である。葉は掌状3出複葉、小葉は倒卵形または倒心形、長さ1.2～2.5cm、幅1～2cm、基部は広い楔形で、縁に細かい鋸歯があり、表面は無毛、通常V字型の白斑があり裏面に微毛がある。托葉は楕円形で先端が尖り、茎を抱く。頭状花序で、総花序の柄は葉より長い。萼は筒状で、上部の裂片は三角形、微毛がある。花冠は白色、稀に黄白色または淡紅色である。長さ3mmほどの倒卵状楕円形の豆（莢）果は膜質で、長さ約1cmの宿存の花萼に包まれ、中に2～4粒の種子を生じる。種子はほぼ円形で径約1.5mm、表面は光滑である。

■識別要点

　掌状3出複葉で小葉は倒卵形または倒心形、表面にV字型の白斑があり、総花序の柄は長く、花冠は通常白色である。

■生息環境および危害
　適応性が広く、抗熱、耐寒で、酸性（pH5）の土壌、砂質の土壌においても生長する。日当りの良いところを好むが陰にも耐える。都会でよく栽培される芝生の植物である。所々で野生化して雑草になる。農作物の畑に侵入するが、危害は深刻ではない。ほかに一部の地域の野菜や、若い林に被害をもたらす。

■制御措置
　引種栽培の地域をしっかり控え、畑や、果樹園、疎林に侵入されたら早急に駆除する。

■生物学的特性
　多年生草本である。江南地域の花・果期は5〜8月、華北地域の花・果期6〜9月。匍匐の茎と種子で繁殖する。

■中国での分布
　雲南省、チベット、寧夏、海南省、広東省、広西省、福建省以外のすべての省（市）に分布する。

■世界での分布
　ヨーロッパ原産。

■中国侵入の初記録
　1954年出版の『重要牧草栽培（M）』に記載された。

■染色体数
　$2n = 32, (4x)$。

143

066 ハリエニシダ

Ulex europaeus L.

科　名	マメ科 Leguminosae
属　名	ハリエニシダ属 *Ulex*
英文名	Gorse, Furze
中国名（異名）	荊豆

■形態的特徴

　高さ50～200cmほどの低木である。茎は円柱形、縦稜があり、多刺、多分枝、柔毛におおわれ、小枝の先端が鋭い刺になる。葉は常に退化し、簇生の葉柄も長さ5～15mmの棘になり、密集する。花は1～3個腋生、茎の上部に複総状花序になる。花柄は長さ3～9mmである。小苞片、苞片および花梗も密に褐色の絨毛におおわれる。花は長さ13～15mm、萼は膜質で長さ12～14mm、密に褐色の絨毛におおわれ、二唇形で、ほぼ基部まで深裂する。蝶形花の花冠は鮮やかな黄色、旗弁と翼弁が無毛である。雄しべは合生して単体になり、葯が二型である。豆果は狭卵形、長さ11～20mm、密な褐色絨毛におおわれ、宿存の萼に包まれて、種子2～4粒を持つ。

■識別要点

　小枝の先端が鋭刺になる。葉は退化し、簇生の葉柄も鋭刺になり、萼は膜質、花冠は黄色である。

■生息環境および危害

　田圃の傍に生息し、道端に栽培され、大面積に帰

化している。山地の低木林、草地に侵入し、当地の生態系、景観に不良な影響を与える。本種は国際自然保護連合（IUCN）に「世界の侵略的外来種ワースト100」の一つとしてリストアップされた。牧草地、低木林、樹園地、海岸、荒地、水路、湿地、日当たりの良い場所を好む。

■制御措置

引種栽培を制限する。

■生物学的特性

低木、茎、枝および刺も緑色である。花期は8〜9月、果期は9〜10月である。種子で繁殖する。

■中国での分布

重慶。

■世界での分布

ヨーロッパ原産。現在世界各地に広く引種され、帰化する。

■中国侵入の初記録

フランス人宣教師が1862年に本種を四川の城口教会付近に導入し、垣根として栽培した。

■染色体数

$2n = 96,（6x）$。

145

067 | アサ

Cannabis sativa L.

科　名	アサ科 Cannabaceae
属　名	アサ属 *Cannabis*
英文名	Hemp Fimble
中国名（異名）	大麻、线麻、火麻

■形態的特徴
　草丈は 3 m に達する。茎は直立し、縦の溝があり、細柔毛が密生する。葉は互生または下部の葉は対生し、掌状全裂である。裂片は 3 ～ 9 枚、披針形、先端が徐々に尖り、縁には粗い鋸歯があり、上下の表皮に小突起（鐘乳体）および腺毛がある。葉柄の長さは 4 ～ 13 cm である。花は単性で雌雄異株である。雄花は集散円錐花序に配列され、花被は 5 個、雄しべも 5 個である。雌花は無柄で、穂状花序になり、花被が退化し、膜質である。痩果は扁卵形で光沢があり、硬質である。

■識別要点
　茎の皮に繊維が豊富である。葉は掌状全裂であり、上部の葉は互生である。花は雌雄異株であり、基本数は 5 である。

■生息環境および危害
　田畑によく見られる雑草である。各地で栽培され、常に野生化して畑作の農地の野生雑草になる。トウモロコシおよび大豆に悪影響を及ぼすが、発生量が比較的少ないので、被害は軽い。

■制御措置
　種子の拡散を抑制し、発生地に人力で駆除する。

■生物学的特性
　一年生直立草本である。また熱帯地域では多年生で、株は低木のような形になる。花期は 6 ～ 8 月、果期は 9 ～ 10 月である。

■中国での分布
　全国で栽培され、逸出して野生化した。

■世界での分布
　アジア中部とインド原産。

■中国侵入の初記録
　『神農本草経』の記載によって、本種はおそらく東漢の時代に伝来した。

■染色体数
　$2n = 20$。

068 コゴメミズ（コメバコケミズ）
Pilea microphylla (L.) Liebm.

科　名	イラクサ科 Urticaceae
属　名	ミズ属 *Pilea*
英文名	Artillery Clearweed, Artillery Plant, Gunpowder Plant
中国名（異名）	小叶冷水花、小叶冷水麻、透明草、小水麻

■形態的特徴

　株は小型で、草丈3〜17cmである。茎は多肉質で多く分岐する。葉柄は葉より短く、葉は小型、対生する1対の葉は大きさが違い、倒卵形から匙形で、長さ3〜7mm、幅1.5〜3mmほど、先端は鈍形で、基部は楔形または次第に狭くなり、全縁である。葉の表面は緑色で明瞭な横向き配列の鍾乳体があり、裏面は浅緑色である。羽状葉脈には中脈がやや目立つが先端近くで消失し、側脈が明瞭ではない。葉柄の長さは1〜4mmである。雌雄同株、時に同花序で、集散花序は密集してほぼ頭状になり、長さ1.5〜6mmである。雄花は柄を持ち、花被片が4個で卵形であり、外側の先端の近くに短角状突起がある。雄しべは4個で、退化した雌しべは目立たない。雌花はやや小さく、花被片は3個で長さがやや不揃いである。果期に中央の1枚は楕円形、果実とほぼ同じ長さであり、側生の2枚は卵形で先端が急に尖り、薄膜質であり、退化した雄しべが不明瞭である。痩果は卵形で、長さ約0.4mm、熟すときに褐色で光滑である。

■識別要点

　小さな草本である。茎は多肉質で、葉は小さい。対生する1対の葉は大きさが違い、長さ7mmを超えない。

■生息環境および危害

　道端、渓流の傍、岩や塀の隙間など湿潤な環境に

生育する。本種はよく土のついた苗木に付随して散布される。逸出した後、湿潤な山地、溝などの陰湿な環境に帰化する。地元の石生、着生草本植物を排除する。当地の生物多様性に一定の影響を与えるが、被害は比較的軽い。

■**制御措置**

人力で抜き除く。

■**生物学的特性**

繊細な小草本である。耐陰湿である。花・果期は通常夏秋の2季で、果実は小さくて撒布されやすい。

■**中国での分布**

北京、浙江省、江西省、福建省、広東省、広西省、海南省、台湾、香港、マカオ。

■**世界での分布**

南アメリカの熱帯地域原産。現在世界の熱帯地域に広く分布する。

■**中国侵入の初記録**

1947年に編纂の『嶺南大学校園植物名録』に記載された。

■**染色体数**

$2n = 24$。

069 アメリカフウロ

Geranium carolinianum L.

科　名	フウロソウ科 Geraniaceae
属　名	フウロソウ属 *Geranium*
英文名	Carolina Cranesbill
中国名（異名）	野老鸛草

■形態的特徴

　草丈は20〜50cmである。茎に逆方向の短柔毛が生える。葉は茎の上部に互生、下部のほうで対生し、腎臓状円形であり、径4〜6cmで大きく5〜7深裂し、それぞれの裂片はさらに3〜5浅裂に分かれている。葉の表面に短毛が布き、背面に脈に沿って短伏毛がある。（1〜）2〜6個花の散形集散花序は対になって、茎の先または葉腋につく。萼は5個で、5個の淡紅色から淡紅白色の花弁と同長またはやや長い。蒴果は長さ2cmで、短毛がざらつき、先端に長い喙があり、開裂の際5個の分果に上巻き、弾ける。

■識別要点

　葉は掌状分裂し、総花柄は通常数個茎先に集合して、散形花序になる。花は淡紅色から淡粉白色であり、蒴果は先端に長い喙がある。

■生息環境および危害

　平野、低山の荒地に生息する。田圃、道端と水路脇にもよく見られる雑草である。麦類やアブラナなどの夏収穫の農作物の田圃、果樹園の雑草であり、山の斜面の草地にも侵入する。

■制御措置

　花期の前に取り除く、または畑や田圃に除草剤を使用する。例えば、スルホニル尿素系除草剤（メトスルフロンメチル metsulfuron-methyl）と酸アミド系除草剤（ブタクロール butachlor）を使用する。

■生物学的特性

　一年生または越年生の草本である。多様な環境下で生長できる。花・果期は 4 〜 8 月であり、種子で繁殖する。

■中国での分布

　四川省、重慶、雲南省、山西省、山東省、河南省、湖北省、湖南省、江蘇省、安徽省、浙江省、江西省、福建省、広西省、広東省、台湾。

■世界での分布

　アメリカ原産。東半球に広く帰化する。

■中国侵入の初記録

　1940 年代に華東地域に現れた。

■染色体数

　$2n = 54$。

070 ネバリミソハギ

Cuphea balsamona Cham. et Schlecht.

科　名	ミソハギ科 Lythraceae
属　名	タバコソウ属 *Cuphea*
英文名	Sete Sangrias
中国名（異名）	香膏萼距花、紫花満天星、繁星花

■形態的特徴

　草丈は 12 ～ 60 cm である。茎の基部は木質で、小枝は繊細、若枝は短硬毛と腺毛が生え、後に無毛かつややざらつく。葉は対生、薄革質であり、卵状披針形または披針状楕円形、長さ 1.5 ～ 5 cm、幅 0.5 ～ 1 cm である。葉の先端は次第に尖り、基部は徐々に狭くなり、またはたまにほぼ円形となる。葉の両面はざらつく。葉柄は極めて短い。花は小さく、枝の先または葉腋に単生し、葉を持つ総状花序になる。花柄の長さは約 2 mm。萼の長さは 4.5 ～ 6 mm、縦の稜の上に疎らに硬毛があり、萼筒の基部に短い距がある。花弁は 6 個、同大で、倒卵状披針形、長さ約 2 mm、青紫色または紫色である。雄しべは 9 個または 11 個、2 輪で配列され、花糸の基部に柔毛がある。子房は楕円形、花柱は短い。蒴果は楕円形である。

■識別要点

　茎の基部は木質で、葉は対生、卵状披針形萼筒の基部に短い距がある。花弁は 6 個である。

■生息環境および危害

　道端、山の斜面、河岸などに生える。環境に適した場合、亜低木にまで成長する。生物多様性に一定の影響を与える。

■制御措置

　人力で駆除する。

■生物学的特性

　一年生草本である。花期は 11 月から翌年の 4 月までである。

■中国での分布

　雲南省、福建省、広東省、広西省。

■世界での分布

　メキシコ原産。

■中国侵入の初記録

　1995 年出版の『広東植物志』第 3 巻に記載された。

■染色体数

　$2n = 16$。

153

071 イヌヤマモモソウ

Gaura parviflora Dougl.

科　名	アカバナ科 Onagraceae
属　名	ヤマモモソウ属 *Gaura*
英文名	Lizard-tail, Small-flowered Gaura, Velvet-leaf Gaura
中国名（異名）	小花山桃草

■形態的特徴
　草丈1mになる。茎は直立し、長い軟毛を全体につける。葉は互生し、葉身は卵状披針形で基部が徐々に狭く短柄になる。縁には低い鋸歯があるかまたは波形である。花は紫紅色で、径5mmほどであり、多数密生の穂状花序になる。花序は長く、多少下垂する。萼は4裂し反り返って折り曲がる。花弁は四つで、匙形、長さ3mmを超えない。雄しべは8個、柱頭は4裂、子房は下位である。果実は堅果状、楕円形で長さ5〜10mmである。

■識別要点
　一年生草本である。葉は互生し、葉身は卵状披針形である。穂状花序は多少下垂する。花弁は四つ、長さ3mmを超えない。子房は下位である。中国で栽培され、後に野生化した同属の植物ハクチョウソウ（*G. lindheimeri* Engelm. et Gray）は多年生草本で花序は直立し、花弁の長さ12〜15mmなどの特徴で本種と区別できる。

■生息環境および危害
　道端、山の斜面、田畔、旱魃または冠水の瘠せる土壌にも生育する悪性の雑草である。現在、遼東半島と山東半島の沿海地域では、かなり深刻に蔓延している。

■制御措置
　土の深耕と実り前に取り除く方法とを合わせて防止する。また、多年生草本植物の植え替えも考えられる。

■生物学的特性
　一年生または越年生草本である。適応性が強く、繁殖が速く、花期は6〜7月、果期は7〜8月である。種子で繁殖する。

■中国での分布
　遼寧省、河北省、北京、山東省、河南省、湖北省、安徽省、江蘇省、浙江省、福建省。

■世界での分布
　北アメリカ原産。現在南アメリカ、ヨーロッパ、アジア、オセアニア地域に引種され野生化している。

■中国侵入の初記録
　1959年に出版の『江蘇南部種子植物手冊』に記載された。

■染色体数
　$2n = 14$。

072 メマツヨイグサ

Oenothera biennis L.

科　名	アカバナ科 Onagraceae
属　名	マツヨイグサ属 *Oenothera*
英文名	Common Evening Primrose, German Rampion
中国名（異名）	月見草、山芝麻、夜来香

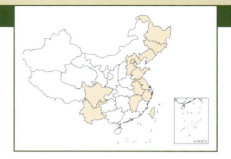

■形態的特徴

草丈1～2mである。根は太く、肉質である。茎は直立し、基部が木質で、分枝または分枝しない。柔毛を疎らにつけ、上部は常に腺毛が混生する。基部の根生葉は簇生、倒披針形で、葉柄の長さは1.5～3cmである。茎葉は楕円形から倒披針形で、短い柄があるかまたは無柄、両面に柔毛をつけ、上部の葉の裏面と縁に腺毛が混在し、縁に不揃いな鈍鋸歯が疎らにある。花は葉腋に単生し、夜間に咲く。萼片は緑色で楕円状披針形、開花時に反り返る。花弁は4枚あって黄色、先端がやや凹む。雄しべは8個、柱頭は4裂、子房は下位である。蒴果は円柱形または稜がある柱形で、4室、長さ2～3.5cmである。種子は暗褐色で、稜角がある。

■識別要点

根生葉はロゼットを作り、花は黄色、花弁の長さは2.5～3cmである。蒴果は円柱形で、種子は稜形、稜角があり、表面に不規則な凹点がある。同属の黄色花の8種は中国で野生化しており、種間の差異がはっきりしないので、識別の際に要注意である。通常に見られるマツヨイグサ（*O. odorata* Jacq.）は果実の上部が太いことで本種と区別する。

■生息環境および危害

荒草地、砂質地、山の斜面、林縁、河辺、湖畔、田

156

圃の傍に生え、土壌が肥沃な場所では株が高い。痩せ地、荒漠地においても生長するが、株がやや矮小である。ほかの植物を排除することによって本種は密集型の単優勢種群落になり、在来の植物多様性にとっての脅威となる。

■制御措置

厳重に引種を控える。種子の含油量が25.1%に達し、そのうち、λリノレニン酸は8%である。中国の東北と華北地域に大面積の野生化群落があるので、資源としての総合的開発利用も考えられる。

■生物学的特性

二年生草本植物である。当年の種子は発芽せず、翌年春、秋に発芽して苗を出す。苗期の成長が遅く、先にロゼットを形成して当年に開花・結実をしない。二年目の4月に青くなり、茎が伸び、5月に側枝が生え、6〜9月に開花、8〜10月に種子が成熟する。年間の生育期は135〜160日で、生命力と適応力が強い。

■中国での分布

黒竜江省、吉林省、遼寧省、河北省、北京、天津、四川省、雲南省、山東省、安徽省、江蘇省、浙江省、江西省、台湾。

■世界での分布

北アメリカ（アメリカの東部とカナダ）原産。早期にヨーロッパに導入、後に世界の温帯と亜熱帯地域に速く広がって分布する。

■中国侵入の初記録

1953年出版の『華北経済植物志要』に記載された。

■染色体数

$2n = 14 = 12m（2SAT）+ 2sm，（2x）$。

073 ユウゲショウ

Oenothera rosea L'Hér. ex Aiton

科　名	アカバナ科 Onagraceae
属　名	マツヨイグサ属 *Oenothera*
英文名	Pink Evening-primrose
中国名（異名）	红花月见草、粉花月见草

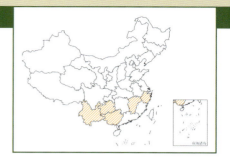

■形態的特徴

　草丈20〜50 cmである。主根は木質で円柱形である。茎は直立または基部から斜め上昇し、短い柔毛をつける。基部の根生葉は倒披針形で、不規則に羽状深裂をし、葉柄は淡紅色で、開花時にすべて枯れ落ちる。茎葉は互生、葉身は披針形または長卵形で、長さ3〜6 cm、幅1〜2.2 cm、先端は徐々に尖り、基部は徐々に狭くなる。両面は短毛がつく。花は葉腋または枝先に単生し、萼片は四つ、鑷合状、反り返り、花弁は四つで、粉紅色から紫紅色、ほぼ円形である。雄しべは8個、葯は粉紅色から黄色で、子房下位、4室であり、柱頭は四つに分かれて紅色である。蒴果は棒状で、長さ8〜10 mm、径4 mmぐらい、8本の縦の稜があり、そのうち4本が高く隆起し、翼状になる。種子は狭卵形である。

■識別要点

　主根は粗太で、花は粉紅色から紫紅色、花弁の長さ6〜9 mmである。蒴果棒状で、長さ8〜10 mm、4本縦の翼がある。また同属の中で類似の種類に中国南方に野生化したツキミソウ（*O. tetraptera*

Cav.）があり、葉がほぼ無柄、花弁が白色、花弁の長さ 1.5 〜 2.5 cm、蒴果の長さ 10 〜 15 mm などで本種と区別する。

■生息環境および危害
湿地と道端に生える。よく農地に侵入して、除去しにくい雑草になる。

■制御措置
実る前に人力で駆除する。

■生物学的特性
多年生草本である。酸性の赤土が好む。花・果期は 4 〜 10 月である。種子で繁殖する。

■中国での分布
雲南省（昆明などの地区）、貴州省、広西省、江西省、浙江省。

■世界での分布
中南米原産、北アメリカもある。ユーラシア大陸、日本、南アフリカなど地域に栽培、野生化している。

■中国侵入の初記録
1984 年出版の『雲南種子植物名録』に記載された。

■染色体数
$2n = 14$。

074 ナガミノハラガラシ

Brassica kaber (DC.) L. Wheeler
(Syn. *Sinapis arvensis* L.)

科　名	アブラナ科 Brassicaceae (Cruciferae)
属　名	アブラナ属 *Brassica*
英文名	Field Mustard
中国名（異名）	田芥菜、野欧白芥

■形態的特徴

　草丈20〜90 cmである。茎は直立し、分枝があり、疎らに硬毛がつきまたは光滑無毛である。葉は羽状分裂かまたは分裂せず、縁には粗い鋸歯がある。基部は徐々に狭くなり、茎下部の葉は柄を持つ。総状花序である。花は黄色、径1.5 cmである。萼片は四つ、内輪の基部が袋状になる。雄しべは6個、中の4本が長く、2本が短く、花糸の基部に蜜腺がある。長角果は線形で、長さ1〜2 cm、幅1.5〜2.5 mm、表面は滑らかまたは極疎らに毛がつく。先端に喙がある。各果弁および喙に3本の平行脈があり、果実内に種子は5〜10個ある。種子は球形または楕円形で、径1〜1.5 mm、通常黒色で表面が滑らか、不明瞭な細網紋がある。

■識別要点

　葉は羽状分裂かまたは分裂せず、縁には粗い鋸歯がある。花は黄色、径1.5 cmである。長角果は線形で、長さ1〜2 cm、幅1.5〜2.5 mmである。栽培のタカナ[(*B. junvea* (L.) Czern. et Coss.)と似ている。タカナは花が淡黄色、径1 cm以下、長角果は3〜3.5 cmで、果弁に1本中脈がはっきりすることで区別できる。また、シロガラシ(*Sinapis alba* L.)は多数の単硬毛が生え、萼片の基部は袋状にならず、果弁に3〜7本の脈があることで本種と区別できる。

■生息環境および危害

　田圃、圃場または湿地の一般的な雑草である。ヨーロッパと北米でイネ類の田圃に広く蔓延したことがある。

■制御措置

　田圃の管理を強化する。メトリブジン水和剤を使用して（水に溶かして噴散）、苗期の前の土壌を処理することで有効に防除できる。

■生物学的特性

　二年生草本である。温暖湿潤の環境を好む。種子で繁殖する。

■中国での分布

　黒竜江省、吉林省、遼寧省、内モンゴル、新疆、寧夏、甘粛省、陝西省、チベット、四川省、雲南省、貴州省、山西省、河北省、山東省、湖北省、湖南省、江蘇省、浙江省、江西省、福建省。

■世界での分布

　ヨーロッパ原産。北アメリカにも分布する。

■中国侵入の初記録

　侵入時期が不詳である。1998年出版の『中国雑草志』に記載された。

■染色体数

　$2n = 18$。

075 カラクサナズナ

Coronopus didymus (L.) J. E. Smith

科　名	アブラナ科 Brassicaceae (Cruciferae)
属　名	カラクサナズナ属 *Coronopus*
英文名	Swine Wartcress
中国名（異名）	臭荠、肾果荠

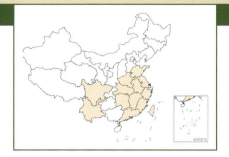

■形態的特徴

　全体に臭気がある。高さ50〜80cm、よく地面に這えて成長する。主茎は短く目立たない。基部からよく分枝し、毛がないまたは柔毛がある。葉は1回から2回羽状全裂、裂片は線形または長楕円形、先端は急に尖り、基部は楔形で両面無毛である。総状花序は葉腋につき、長さ4cmに達する。花は小さい、径1mm、萼片の縁は白膜質である。花弁は白色、楕円形、時に花弁のない花もつく。雄しべは2個、短角果は心臓形、果弁は半球形、径2mm、先端が凹み、表面に粗い皺紋があり、種子は卵形、赤茶色である。

■識別要点

　葉は1〜2回羽状全裂、裂片は線形または長楕円形である。花は小さく、径1mm、短角果は心臓形、径2mmである。

■生息環境および危害

　常に畑、果樹園、荒地および道端に生息し、麦畑、

トウモロコシ、大豆などの作物畑の雑草である。人工芝生にも侵入する。養分の消耗と成長競争によって、芝生植物の成長に影響する。

■制御措置

本種の種子は細小であり、土地の表面で発芽する。土を深く耕すことで本種がほかの畑に拡散することを有効に抑制する。化学的には、作物の種類によって、MCPA剤、アトラジン、パードナー（Pardner）、ハーモニー（チフェンスルフロンメチル）を選択して使用する。

■生物学的特性

一年生または二年生草本である。痩せた土、乾燥地に一定の忍耐性がある。花期は3月、果期は4～5月である。種子で繁殖する。

■中国での分布

四川省、雲南省、山東省、河南省、湖北省、湖南省、安徽省、江蘇省、浙江省、江西省、福建省、広東省、台湾、香港。

■世界での分布

南アメリカ産。現在ヨーロッパ、北アメリカ、アジア地域に広く分布する。

■中国侵入の初記録

1930年代に江蘇省南部で発見された。1948年の『国立中央研究院植物学彙報』第2巻第3期で記録された。

■染色体数

$2n = 32$。

076 マメグンバイナズナ

Lepidium virginicum L.

科　名	アブラナ科 Brassicaceae (Cruciferae)
属　名	マメグンバイナズナ属 *Lepidium*
英文名	Virginia Pepperweed, Poor-man's Pepper Grass
中国名（異名）	北美独行菜、星星菜、辣椒根、小白浆

■形態的特徴

　草丈20〜50cmである。茎は直立し、上部は枝分かれをし、無毛または柱状腺毛がある。根生葉は倒披針形で羽状に分裂し、または頂羽片は側羽片より大きく、裂片の大きさは不揃い、縁には鋸歯があり、両面に短い伏せ毛がある。葉柄の長さは1〜1.5cmである。茎葉は短い柄があり、倒披針形または線形で、長さ1.5〜5cm、幅2〜10mm、先端は急に尖り、縁には鋸歯があり、基部は徐々に狭く、両面は無毛である。萼片は楕円形で、長さ1mmである。花弁は白色、倒卵形で、長さは萼片と同じまたはやや長い。雄しべは2または4個である。短角果はほぼ円形であり、径2〜3mm、狭翼があり、先端がやや凹む。種子は卵形、赤茶色、無毛、縁に細い翼がある。

■識別要点

　根生葉は倒披針形で羽状に分裂し、または頂羽片は側羽片より大きい。花弁は白色で、短角果はほぼ

164

円形である。同属の侵入種ウロコナズナ［*L. campestre* (L.) R. Br.］とコマメグンバイナズナ（*L. densiflorum* Schrad.）がある。前者は上部の茎葉が分裂しない、基部が耳状または円形で、雄しべは6個、短角果の先端に花柱の下部と連結する翼がある。後者は花序に花が多数密集し、萼片の外面に毛がなく、花弁もなく、短角果は倒心臓形または倒卵形である。

■生息環境および危害

道端、荒地または農地に生息する。普通によく見かける、比較的耐乾の雑草である。小麦、トウモロコシ、大豆、落花生、蕎などの農地によく発生し、特に乾燥の畑によく発生する。養分の取得競争、空間の取得競争および化学反応によって、作物の正常成長に影響し、作物を減産に至らしめる。また、本種はワタアブラムシ、ムギアブラムシ、ブロッコリー黒すす病、ハクサイモザイク病の病原菌の中間宿主であり、病虫の越冬に好適である。

■制御措置

農田を深く耕すことは、本種の個体数を減らす有効な方法の一つである。また、短期間の積水によって、本種の生命力と競争力を低下させる。化学的に、本種の幼苗期にラクトフェン、アトラジン、メトリブジン、パラコートジクロライド、パードナー（Pardner）などの除草剤を使用することで、より防除効果が期待できる。

■生物学的特性

一年または二年生草本である。非常に耐旱である。花期は4〜5月、果期は6〜7月である。種子で繁殖する。

■中国での分布

黒竜江省、吉林省、遼寧省、内モンゴル、新疆、寧夏、甘粛省、陝西省、チベット、四川省、貴州省、河北省、雲南省、山東省、河南省、安徽省、江蘇省、湖北省、湖南省、浙江省、江西省、福建省、広西省、広東省、海南省、台湾。

■世界での分布

アメリカ大陸原産。現在ヨーロッパ、アジア地域に広く帰化する。

■中国侵入の初記録

1933年に湖北省武漢市武昌で標本が採集された。1948年の『国立中央研究院植物学彙報』第2巻第3期で記録された。

■染色体数

$n = 8, 16;\quad 2n = 32$。

077 ｜ イチビ

Abutilon theophrasti Medic.

科　名	アオイ科 Malvaceae
属　名	イチビ属 *Abutilon*
英文名	Chingma Abutilon, Piemarker
中国名（異名）	苘麻、青麻、白麻

■形態的特徴

　高さは1～2m、時に3～4mに達する。茎は直立し軟毛がつく。葉は互生しほぼ円形、径7～18cm、先端は尖り、基部は心臓形で縁には円鋸歯、両面に柔毛が密生する。葉柄は長さ8～18cmである。花は葉腋に単生し、花柄は長さ0.8～2.5cm、太い。萼は緑色で、下部が筒状になり、上部が五つに裂ける。花弁は5個、黄色で脈が明瞭であり、萼よりやや長い。雄しべは多数、花糸は癒合して短筒状になる。心皮15～20個で環状に並んでおり、軟毛が密生する。蒴果は熟すると開裂し、分果の先端

166

に喙状な突起（喙芒）を持ち、突起の長さは 5 mm である。種子は腎臓形、褐色で星状毛を持つ。

■識別要点

　葉は互生し、長い葉柄を持ち、葉身は円心臓形である。花の色は黄色で副萼がない。花糸は癒合して短筒状になる。蒴果は多数個の分果に分かれ、各分果に種子が多数ある。海南省に侵入した同属の外来種 [*A. crispum*（L.）Medic.] は花が小さく、径 1 cm、球形の蒴果が膨らんで提灯状になり、分果に喙がなく、果被が膜質などの特徴で本種と区別する。

■生息環境および危害

　道端、畑、荒地、堤防に生え、主にトウモロコシ、綿、豆類、野菜などの作物に被害をもたらす。

■制御措置

　実る前に株を人力で駆除する。

■生物学的特性

　一年生草本である。4～5月に発芽し、花期は6～8月、果期は8～9月である。種子で繁殖する。

■中国での分布

　チベット以外の各地域に分布する。

■世界での分布

　インド原産。現在ヨーロッパ、北アメリカおよび日本にて栽培、帰化した。

■中国侵入の初記録

　中国での栽培の歴史は2000年余りある。100～

121年に編纂された『説文解字』にも記載された。

■染色体数

　$2n = 42 = 28m + 4sm + 6st (2SAT) + 4t (2SAT)$。

078 ギンセンカ

Hibiscus trionum L.

科　名	アオイ科 Malvaceae
属　名	フヨウ属 *Hibiscus*
英文名	Flower of An Hour, Venice Mallow
中国名（異名）	野西瓜苗、香铃草、灯笼花、小秋葵

■形態的特徴

　草丈は 25 〜 90 cm となる。茎は繊弱で白色の星状毛がつく。葉は互生し、下部の葉は 5 浅裂または分裂しない。上部の葉は掌状三〜五つの深い切れ込みから全裂をし、長さ 3 〜 6 cm、裂片は倒卵形で常に羽状分裂し、裏面に疎らに星状毛が生える。花は葉腋に単生し、径 2 〜 3 cm、花柄の長さ 1.5 〜 3.5 cm、副萼 12 個があって、線形、長さ 7 〜 10 mm である。萼は鐘形で 5 裂する。柱頭は頭状である。蒴果は楕円状球形、径 1.3 cm、熟すると 5 分果に開裂する。種子は腎臓形、黒褐色である。

■識別要点
　葉は互生し、上部の葉は掌状で三〜五つの深裂から全裂、萼は膜質で紫色の筋がある。花弁は淡黄色で内面の基部は紫色である。
■生息環境および危害
　畑、果樹園、道端、荒地または荒野に生息する。畑によく見られる雑草であり、作物と水や養分を奪い合い、減産に至らしめる。
■制御措置
　幼苗期に即時に苗を取り除き、開花、結実を防止する。またシマジン、グラントースーパー（Gallant-Super）などの除草剤を使用して防除する。
■生物学的特性
　横這えまたは直立する一年生草本である。
■中国での分布
　黒竜江省、吉林省、遼寧省、河北省、北京、天津、内モンゴル、新疆、寧夏、甘粛省、陝西省、青海省、チベット、四川省、重慶、雲南省、貴州省、山西省、河南省、山東省、湖北省、湖南省、安徽省、江蘇省、上海、浙江省、江西省、福建省、広西省、広東省、海南省、台湾、香港、マカオ。
■世界での分布
　アフリカ中部原産。現在ヨーロッパ、アジアと北アメリカ地域に広く分布する。

■中国侵入の初記録
　明代初期の『救荒本草』に記載された。
■染色体数
　$2n = 28, 56$。

079 エノキアオイ

***Malvastrum coromandelianum* (L.) Gareke**

科　名	アオイ科 Malvaceae
属　名	アオイ属 *Malvastrum*
英文名	Coromadel, Coast Falsemallow, Overmallow
中国名(異名)	赛葵、苦麻、黄花綿、黄花草

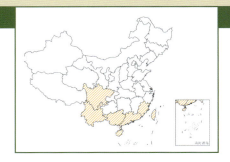

■形態的特徴

　草丈 1 m に達する。茎は直立または斜めに上昇し、疎らに硬毛と星状毛がつく。葉は互生し、卵状披針形または卵形で、長さ 2 ～ 6 cm、幅 1 ～ 3 cm、先端は鈍形、基部は広楔形から円形で、縁には粗い鋸歯がある。表面に疎らに長毛があり、裏面に疎らな長毛と星状毛がつく。葉柄の長さは 1 ～ 3 cm で、托葉は披針形である。花は 1 ～ 2 個葉腋に単生する。小苞葉は線形で 3 個あり、長さ 5 mm である。花柄の長さは 5 mm ほど、萼は浅い杯状で 5 個に裂け、花は黄色、径 1.5 cm、花弁は 5 個、倒卵形である。

単体雄しべは長さ6mm、心皮は約10個で各心皮に1個直立の胚珠がある。柱頭は頭状である。扁球形の分果は8～12個で、径6～8mm、腎臓形で疎らな星状柔毛がつき、背部に2個の芒刺(ぼうし)がある。

■識別要点

葉は互生し、卵状披針形または卵形である。花は黄色で葉腋に単生する。子房は5から多室で心皮の背部に2個の芒刺がある。

■生息環境および危害

乾熱な草地、荒地、道端に散在し、熱帯ではよく見かける雑草である。主に多年生の地下茎の強さによって、農地に侵入し、在来の植物を排除する。

■制御措置

農地、土壌を耕すことを通して、農作物の種まきの前、出苗の前およびそれぞれの生育期の除草を行い、地下部分の根を掘り起こして乾燥させる。同時に道端、畑の傍の雑草も除去してその種子の散布を防ぐ。化学的にリニュロンやパラコートジクロライドなどの除草剤を使用して防止する。

■生物学的特性

亜低木状草本である。通年開花する。主に種子で繁殖するが、地下茎でも栄養繁殖を行う。

■中国での分布

四川省、雲南省、福建省、広西省、広東省、海南省、台湾、香港。

■世界での分布

アメリカ大陸の熱帯と亜熱帯地域原産。現在世界中の熱帯地域に広く分布する。

■中国侵入の初記録

ベンサム（Bentham）の1861年の記録によれば、本種の中国侵入の最初の地域は香港と広東省の沿岸である。

■染色体数

不明（基本数 $x = 6$）。

080 コバンバノキ

***Waltheria indica* L. (Syn. *W. americana* L.)**

科　名	アオギリ科 Sterculiaceae
属　名	ワルテリア属 *Waltheria*
英文名	Waltheria
中国名（異名）	蛇婆子、和他草

■形態的特徴

植物体はやや直立または匍匐状で、長さ1mに達する。茎は多数分枝し、小枝は短柔毛が密生する。葉は互生、葉身は狭卵形または卵形で、長さ2～4cm、幅1.5～3cm、先端が鈍形、縁に不揃いの浅い鋸歯があり、両面とも短柔毛が密生する。葉柄の長さは0.5～1cmである。花は黄色、密集の頭状集散花序になって腋生または頂生する。萼は5裂の筒状で長さ約5mである。花弁は5個、淡黄色、匙形、先端は切形で、萼片よりやや長い。雄しべは5個、花糸は合生して筒状になる。子房は無柄で柔毛があり、花柱は偏ってつき、柱頭が房状である。蒴果に種子が1個あり、種子は楕円形、長さ2.5mmほどである。

■識別要点

やや直立または匍匐状亜低木で、小枝は短柔毛が密生する。葉は互生、縁に鋸歯があり、花は淡黄色、密集した頭状集散花序となって腋生または頂生する。

■生息環境および危害
　日当りの良い斜面の草地または開放地に生える。耐干燥と耐貧栄養土壌で適応性が強い。在来植物を排除する。
■制御措置
　生長の範囲を厳しく制限し、自然植生回復区域と畑への拡散を防止する。多数のジフェニルエーテル（diphenyl ether）系の除草剤とパラコートジクロライドなどを使用して防止する。
■生物学的特性
　亜低木であり、地面を匍匐して成長する。耐干燥と耐貧栄養土壌での適応性が強い。花期は9月、種子で繁殖する。

■中国での分布
　雲南省、福建省（南部）、広西省、広東省、海南省、台湾、香港。
■世界での分布
　熱帯アメリカ原産。現在世界の熱帯地域に広く分布、多数は北回帰線以南の海浜、丘陵地区に分布する。
■中国侵入の初記録
　1861年に香港で報告された。
■染色体数
　$2n = 14$。

173

081 ヒレハリソウ

Symphytum officinale L.

科　名	ムラサキ科 Boraginaceae
属　名	ヒレハリソウ属 *Symphytum*
英文名	Comfrey, Comphrey
中国名（異名）	聚合草、友谊草

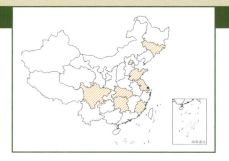

■形態的特徴

　硬毛が生え、高さ約 1 m である。単葉は互生し、長卵形または楕円状披針形であり、長さ 30 ～ 60 cm、幅 10 ～ 20 cm である。葉の基部は明らかに茎に伸びて翼状になり、無柄である。花は螺旋状集散花序になり、萼片は 5 個で花冠より短い。花冠は筒状であり、青色、淡紫色または黄色、ほぼ白色、5 裂、喉部に 5 枚線形の鱗片がある。雄しべは 5 個で花冠の筒状に着く。子房は四つに裂け、果実は 4 個卵形の小堅果である。

■識別要点

　硬毛が生え、葉の基部は明らかに茎に伸びて翼状になり、花は螺旋状集散花序になり、花冠は筒状であり、喉部に 5 枚線形の鱗片がある。果実は 4 個卵形の小堅果である。同科の侵入植物キダチルリソウ属の仲間 ヘリオトロピウム・エウロパエウム

（*H. europaeum* L.）は北京、河南、チベットなどに分布する報告がある。一年生草本で、葉身は楕円状卵形または倒卵形であり、長さ2～6 cm、幅1.5～3.5 cm、子房が深裂せず、果実はほぼ球形で熟したときに4分果に分かれることなどで本種と区別できる。

■生息環境および危害

畑の傍、道端に生え、また栽培される牧草である。または逸出して野生化するが、侵入性が強くない。研究の実証により、本種は癌を治療することができないにもかかわらず、体内に大量のピロリジジンアルカロイド（pyrrolizidine alkaloids, PA）を持ち、肝臓に強い毒性、誘導変性と致癌活性がある。本種が癌に至らしめること、肺癌と肝臓癌を引き起こすことが実証されている。また、ほかの深刻な毒害をもたらす。有毒植物であり、引種の際に注意することが必要である。

■制御措置

引種栽培を制限する。人力で駆除する。

■生物学的特性

多年生草本である。根茎が発達する。茎の再生能力が強い。温暖、湿潤な環境を好む。耐寒性が強い。多量の水を必要とする。花期は6～7月、果期は7～8月である。種子で繁殖する。

■中国での分布

吉林省、北京、山東省、四川省、湖北省、湖南省、江蘇省、福建省。

■世界での分布

アメリカ原産。現在南アメリカ、アジア、アフリカ熱帯地域に広く分布する。

■中国侵入の初記録

1963年に引種された。

■染色体数

$2n = 24, 40, 48, 56$。

082 ハシカグサモドキ

Richardia scabra L.

科　名	アカネ科 Rubiaceae
属　名	ハシカグサモドキ属 *Richardia*
英文名	Mexican Clover
中国名（異名）	墨苜蓿、李察草

■形態的特徴

　主根はほぼ白色で、茎は硬毛が生え、あまり分枝しない。葉は厚紙質で、卵形、楕円形または披針形であり、長さ1～5cm、両面がざらつく。托葉は鞘状で先端が平、縁に数本の剛毛がある。数個の花からなる頭状花序は枝の先端につき（頂生）、総花柄（花序柄）がなく、花序の基部に1から2対の葉状総苞片がつく。花の基数は5または6で萼筒の頂端に縊れがあり、萼片は披針形または狭披針形で縁毛がある。花冠は白色、漏斗形または高盃形で、内面の基部には白色の長毛が生えている。花冠の裂片は6個、開花時に星形に展開し、雄しべは6個、子房は3室、柱頭は頭状で3裂である。蒴果は開裂して3～6弁になり、分果は楕円形または倒卵形で、背部に小乳凸とざらつく伏毛があり、腹部には1本細い溝がある。

■識別要点

　草本である。葉は単葉対生で、托葉の先に数本の剛毛がある。数個の花からなる頭状花序は枝の先端につき（頂生）、総花柄（花序柄）がなく、1から2

対の総苞葉がある。
■**生息環境および危害**
　本種は耐貧栄養、耐乾燥であり、大量の種子を生産するので、畑の作物に被害をもたらす悪性雑草になる可能性がある。本種の拡散動態に厳密観測する必要がある。
■**制御措置**
　結実前に人力で駆除する。
■**生物学的特性**
　一年生匍匐またはほぼ直立の草本である。花期は春と夏の間である。
■**中国での分布**
　広東省、海南省、香港。
■**世界での分布**
　熱帯アメリカ原産。インドにも分布する。
■**中国侵入の初記録**
　『中国植物志』第71巻第2分冊の記載によれば、本種はおおよそ1980年代に中国南部に導入された。
■**染色体数**
　$2n = 28, 56$。

177

083 ヒロハフタバムグラ

Spermacoce latifolia Aublet
[Syn. *Borreria latiforia* (Aublet) K. Schum]

科　名	アカネ科 Rubiaceae
属　名	ハリフタバ属 *Spermacoce*
英文名	Bottonweed
中国名（異名）	阔叶丰花草

■形態的特徴

全体に毛が密に生える。茎と枝は4稜柱形で稜には狭翼がある。葉は楕円形から卵状楕円形で、長さ2〜7.5cm、幅1〜4cm、先端は尖から鈍であり、基部は広楔形で下に延び、葉の表面が平滑である。葉柄は長さ4〜10mm、扁平である。托葉は膜質で粗毛が生える。無柄の花は数個で、托葉の鞘の中に簇生する。萼は筒状で粗毛におおわれ、檐(えん)が4裂し、花冠は漏斗状で淡紫色、先端が4裂、雄しべは4個である。蒴果状果実は楕円形で、長さ約3mm、径2mm、毛がある。種子はほぼ楕円形、乾燥した後に淡褐色または黒褐色になる。

■識別要点

茎と枝は4稜柱形で、葉は楕円形から卵状楕円形で、長さ2〜7.5cm、幅1〜4cm、無柄の花は数個で、托葉の鞘の中に簇生する。萼檐(がくえん)は4裂し、蒴果状果実は熟すと頂部から縦裂する。

■生息環境および危害

よく赤土に生長する。標高1,000m以下の廃墟、荒地、溝傍、山の斜面、道端または田圃によく見かける雑草である。1970年代によく植生植物として栽培されたが、現在華南地区によく見られる雑草になっ

178

ている。茶園、果樹園、コーヒー園、ゴム園、および落花生、サツマイモ、野菜などの畑に侵入して危害を加え、特に落花生に大きな被害をもたらしている。

■制御措置

本種の茎葉はやや多液で高温、日陰や渇水に弱い。開花と結実の前に取り除く。また夏耕と秋耕に合わせて除草して、生長と繁殖力を抑制する。グリホサートと Sodioum tetrafluopanate などの除草剤で化学的に防除する。

■生物学的特性

多年生の横に這う草本である。好光性で、成長と繁殖が迅速な雑草である。果花期は5～7月である。種子で繁殖する。

■中国での分布

浙江省、福建省（南部）、広東省（南部）、海南省、台湾、香港。

■世界での分布

南アメリカ熱帯地域原産。現在汎熱帯地域に広く分布する。

■中国侵入の初記録

『中国植物志』第71巻第2分冊の記載により、本種は1937年に軍馬の飼料として広東省などで導入された。

■染色体数

$2n = 28$。

084 アドハトダ・バシカ

Adhatoda vasica Nees

科　名	キツネノマゴ科 Acanthaceae
属　名	アドハトダ属 *Adhatoda*
英文名	Malabarnut
中国名（異名）	鴨嘴花、野靛叶、大还魂、鴨子花

■形態的特徴

　植物体の高さは1～3mである。枝は円柱形で、若い枝に灰色の微毛が密生し、節は膨大し、植物体は揉むと特殊な匂いがする。葉は対生し、矩円状披針形から楕円形または卵形であり、長さ15～20cm、幅4.5～7.5cm、先端は徐々に尖り、全縁で、葉柄の長さは1.5～2cmである。穂状花序は頂生または枝先端の近い葉腋につく。苞片は楕円形から広卵形で、小苞片は披針形である。萼片は5個で短い円状披針形である。花冠は白色に紫筋を帯び、唇形で、鴨嘴に似る。雄しべは2個で、2個の葯室の高さが不揃いである。蒴果はほぼ木質であり、上部が4粒の種子を持ち、下部は中空ではなく短柄状になる。

■識別要点

　低木である。葉は対生で全縁である。花冠は白色に紫筋を帯び、唇形で、鴨嘴に似る。雄しべは2個である。

■生息環境および危害

　標高1,500m以下の温暖地域の荒地、道端に生え

る。よく生け垣として栽培され、逸出して野生化した後、当地の生物多様性に影響を与える。

■制御措置

引種栽培を制限する。

■生物学的特性

通年開花するが、春夏 2 季を主とする。温暖、湿潤な環境を好む。耐寒ではないが、耐陰である。直射日光下では葉身が焼け焦げてしまう。軟らかくて肥沃、排水良好な砂質の土壌を好む。

■中国での分布

雲南省、上海、広西省、広東省、海南省、香港、マカオ。

■世界での分布

原産地が不明である。最初にインドで発見され、アジアの東部と南部地域にも分布する。

■中国侵入の初記録

1956 年に出版の『広州植物志』に記載された。

■染色体数

$2n = 34$。

181

085 ナントウイガニガクサ

Hyptis brevipes Poit.

科　名	シソ科 Lamiaceae
属　名	イガニガクサ属 *Hyptis*
英文名	Shortstalk Bushmint
中国名（異名）	短柄吊球草、短柄香苦草

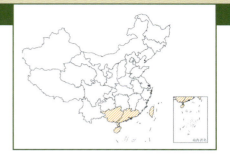

■形態的特徴

　草丈は1mまで達する。茎は直立して四角形で溝があり、稜に上向き疎な柔毛がある。葉は対生し、紙質で、楕円形または披針形で長さ5〜7cm、幅1.5〜2cm、上部がやや小さく、両面とも有節の柔毛が疎らに生える。縁には鈍鋸歯がある。葉柄の長さは0.5cmである。花は多数密集して、単生の球形頭状花序となり、腋生する。花序の径は1cmであり、苞片があり、総花序の柄は長さ0.5〜1.6cmである。萼は長さ2.5〜3mmで、果実になった際に増大する。萼の歯裂は錐状に尖り、花冠は白色で、長さ3.5mm、花冠の檐が二唇形で、上の唇弁は短く先端が2裂し、下の唇弁は3裂で真ん中の裂片が大きい。子房は4裂で無毛である。小堅果は卵円形、腹面に稜があり、深褐色、基部に2個の白色の着生点がある。

■識別要点

　茎は四稜で、単葉は対生し、葉身は披針形で、花は多数密集して、単生の球形頭状花序となり、腋生する。総花序の柄は長さ0.5〜1.6cmである。花冠は白色である。近縁の侵入種イガニガクサ（*H. rhomboidea* M. Martens et Galeotii.）は頭状花序の径1.5cmぐらい、総花序柄の長さ5〜10cmであることで本種と区別できる。

■生息環境および危害

　よく低海抜の荒野、村の傍等地に生える。果樹園、茶園および道端に見られる一般の雑草である。管理の徹底を怠ると、大量漫延の可能性があり、在来植

物に一定のアレロパシー（allelopath）反応作用がある。
■制御措置
　土地を深く耕す。出芽前および各生育の異なる時期に除草する。水路の雑草を駆除し灌漑の水を奇麗に保ち、田圃の雑草の種子源を減少させる。有機肥料を腐熟してから使用する。また、化学的防止にはパラコートジクロライドなどのような除草剤を使用する。
■生物学的特性
　一年生草本である。花期は4〜10月である。種子で繁殖する。
■中国での分布
　広西省、広東省、海南島省、台湾、香港、マカオ。
■世界での分布
　熱帯アメリカ原産。現在世界熱帯地域に広く分布する。
■中国侵入の初記録
　侵入時間は不詳である。1977年出版の『中国植物志』に記載された。
■染色体数
　$2n = 30$。

086 ニオイニガクサ

Hyptis suaveolens (L.) Poit.

科　名	シソ科 Lamiaceae
属　名	イガニガクサ属 *Hyptis*
英文名	Wild Spikenard
中国名（異名）	山香、毛老虎、山薄荷、假藿香

■形態的特徴

　草丈は2mに達する。茎は鈍四角形で、開展の長剛毛が疎らに生え、上部のほうがより密である。葉は対生し、薄紙質であり、卵形、長さ5～11cm、幅1.5～9cm、茎の上部と分枝の葉はやや小さく、先端がやや鈍形、基部はハート形または円形、縁は波状である。両面とも疎らに柔毛があり、脈のほうに多数生える。葉柄の長さは0.5～6cmである。花は短い柄を持ち、2～6個で集散花序になって腋生し、たまに単生する。萼は開花後に増大し、疎らな長毛および黄色腺点があり、脈が10本ある。花冠は青紫色で、長さ6～8cm、檐部が2唇形、上の唇弁は二つの円形の裂片であり、裂片は反り返る。下の唇弁は3裂、真ん中の裂片が凹んで嚢状（袋状）になる。小堅果は楕円形で成熟するのは2個のみ、扁平、暗褐色、細かい点があって、基部に着生点が2個ある。

■識別要点

　茎は四角形、葉は対生し、卵形である。2～6個の花は集散花序になって腋生し、花冠は青紫色である。

■生息環境および危害

　開放地、草地、林縁または道端に生息する。果樹園、茶園の雑草である。大きく被害を及ぼすことは

ないが、連続広範囲に生えれば、作物の生産量に影響する。本種はよく道路に沿って林縁に侵入する。
■制御措置
　本種の全株は薬用になるので、防治の際、その薬用性に合わせて、その生長の区域を合理的に規画し、種子が田圃、畑に侵入することを防止する。田圃、畑にある個体をその種子が成熟する前に取り除く。また、プロパニルとベンタゾンなどの除草剤を使用して防除する。
■生物学的特性
　一年生草本である。茎は丈夫、直立し分枝が多く、揉み潰すと香りがする。通常、通年開花、結実する。種子で繁殖する。
■中国での分布
　福建省、広西省、広東省、海南省、台湾、香港。
■世界での分布
　熱帯アメリカ原産。現在世界の汎熱帯地域の雑草である。
■中国侵入の初記録
　1935年、杭州で発見された。
■染色体数
　$2n = 32$。

087 ヘラオオバコ
Plantago lanceolata L.

科　名	オオバコ科 Plantaginaceae
属　名	オオバコ属 *Plantago*
英文名	Buckhorn Plantain, Narrow-leaved Plantain
中国名（異名）	长叶车前、窄叶车前、欧车前、披针叶车前

■形態的特徴

　直立根系で、細い須根を持つ。根茎は短い。根生葉は線状披針形から楕円状披針形で、長さ5～20 cm、幅0.5～4 cm、縁は全縁またはごく疎らに小さな鋸歯がある。両面に柔毛が散在、または無毛である。葉脈は通常5本で、弧形であり、葉柄の長さは2～10 cmである。穂状花序は円柱形で、長さ2～5 cm、花が密集する。苞片は卵円形で先端尾状尖り、中脈には竜骨状突起がある。萼片は四つで不等大の2対になり、前の1対はほぼ先端まで癒合する。花冠は白色で4裂をし、裂片は披針形または卵状披針形である。雄しべは花冠筒の内側の中部につき、花冠より長く伸び出す。蒴果は楕円形で、長さ3～4 mm、基部の上から周裂（蓋裂）する。種子は2個、楕円形または長卵形で、長さ2～2.6 mm、淡褐色から黒褐色であり、光沢がある。

■識別要点

　根生葉は線状披針形から楕円状披針形で、葉脈は通常5本、弧形であり、穂状花序は円柱形で、前の1対萼片はほぼ先端まで癒合する。蒴果は周裂（蓋裂）である。

■生息環境および危害

　湿潤の草地、道端、河辺、公園緑地などに生息し、花畑、湿地および公園緑地に被害をもたらすが、一

般的に大きくはない。集団密度が高いときに花粉量が多く、花粉症を引き起こすアレルギー原因植物になる。
■**制御措置**
　引種栽培を制限する。
■**生物学的特性**
　多年生草本である。花・果期は6〜9月であり、種子で繁殖する。
■**中国での分布**
　遼寧省、北京、新疆、甘粛省、陝西省、雲南省、山東省、江蘇省、浙江省、江西省、台湾などの地で栽培され、または逸出野生化する。
■**世界での分布**
　ヨーロッパ、北アジア、および中央アジア原産。現在世界の温帯地域に広く分布する。
■**中国侵入の初記録**
　1959年出版の『江蘇南部種子植物手冊』に記載された。
■**染色体数**
　$n = 6$。

088 ツボミオオバコ

Plantago virginica L.

科　名	オオバコ科 Plantaginaceae
属　名	オオバコ属 *Plantago*
英文名	Paleseed Plantain
中国名(異名)	北美车前、毛车前

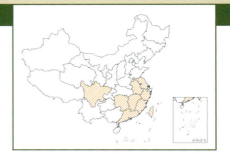

■形態的特徴

　直立根系で、全体には白色柔毛が生える。葉は根生し、狭倒卵形から倒卵形で、長さ2〜18cm、幅0.5〜4cm、縁には浅い波状鋸歯があり、弧形の葉脈が3〜5本ある。穂状花序であり、苞片は披針形または狭楕円形、中脈には肥厚の竜骨状突起がある。花は二型であり、稔性の花は淡黄色で、花冠は4裂で直立する。雄しべは花冠筒の内側の頂部につき、蒴果は卵球形、基部の上から周裂（蓋裂）する。種子は2個、卵形または長卵形で、長さ1〜1.8mm、腹面が凹んで舟形になり、黄褐色から赤褐色である。

■識別要点

　葉は根生し、狭倒卵形から倒卵形で、弧形の葉脈が3〜5本ある。花序は穂状で、花冠は4裂、蒴果は周裂（蓋裂）である。同属の侵入種アメリカオオバコ（*P. aristata* Michx.）は苞片の先端が長い芒状尖りで、長さが花の2倍以上あることで本種と区別する。近年に野生化したホソバオオバコ（*P. arenaria* Waldst. et Kit）は地上茎があって、全体に短腺毛が生え、葉は対生または三葉輪生、線形または線状披針形であり、穂状花序は卵球形で上部の葉腋につくことで前述の二種と区別できる。

■生息環境および危害

　鉄道沿線地区の道端、田畔、宅地の傍、疎林、果樹園、野菜畑と夏熟の農作物畑などに生息する。種子は水に浸かると粘液を生じ、人と動物および交通手段によって散布される。果樹園、畑および芝生の雑草になり、集団密度が高い場合には、花粉量も多く、花粉アレルギー症を引き起こす原因植物になる。

■制御措置

　引種栽培を制限する。

■生物学的特性

　一年生または越年生草本である。本種の形態、サイズと集団の密度などの変異が非常に大きい。密度が低いときの個体は大きいもので 595 g に達する。

■中国での分布

　四川省、湖南省、安徽省、江蘇省、上海、浙江省、江西省、福建省、広東省、台湾。

■世界での分布

　北アメリカ原産。現在世界の温暖地域に広く分布する。

■中国侵入の初記録

　1951 年に初めて江西省の南昌市蓮塘区で見られた。

■染色体数

　$2n = 24 = 24m$。

089 セイタカカナビキソウ

Scoparia dulcis L.

科　名	オオバコ科 Plantaginaceae （ゴマノハグサ科 Scrophulariaceae）
属　名	スコパリア（セイタカカナビキソウ）属 ***Scoparia***
英文名	Sweet Broomwort
中国名(異名)	野甘草、冰糖草、牙害補（タイ語）

■形態的特徴

　草丈は40～70cm、または1mまで達することもある。茎は多分枝で枝に稜および狭い翅があり、無毛である。葉は対生または輪生をし、葉身は三角状卵形から菱状披針形で長さ0.5～3cm、先端が短く尖り、基部は徐々に狭く短柄になる。中部以下は全縁、上部の縁に鋸歯がある。花は単一または一対葉腋につく。花柄は細長く5～10mmぐらい、小苞片がない。萼は4裂で、卵状楕円形の裂片が長さ約2mm、睫毛状毛がある。花冠は小さく、径4mmほど、白色で、放射状に4深裂になり、裂片が長円形でほぼ同じ長さである。雄しべは4個、葯が矢形（鏃形）であり、花柱は真っ直ぐで、柱頭が切形または凹む。蒴果は球形であり、径2～3mmで、子房室の間と背中も開裂する。

■識別要点
　葉は対生または輪生をし、上部の縁に鋸歯がある。花冠は白色で花筒の中部に毛が密生する。蒴果は球形である。
■生息環境および危害
　よく荒地、山の斜面、道端に生息する。湿潤な環境を好む。海岸性の砂地にも生長する。中国の南方地域によく見られる農地や芝生の雑草である。
■制御措置
　人力で駆除する。
■生物学的特性
　直立の草本または亜低木である。枝、葉に甘味がある。花・果期は夏、秋またはほぼ通年である。種子で繁殖する。
■中国での分布
　雲南省、上海、福建省、広西省、広東省、海南省、台湾、香港、マカオ。
■世界での分布
　熱帯アメリカ原産。現在世界の熱帯地域に広く分布する。
■中国侵入の初記録
　1990年代に香港で帰化した。
■染色体数
　$2n = 20$。

090 タチイヌノフグリ

Veronica arvensis L.

科　名	オオバコ科 Plantaginaceae（ゴマノハグサ科 Scrophulariaceae）
属　名	クワガタソウ属 *Veronica*
英文名	Common Speedwell
中国名（異名）	直立婆婆纳

■形態的特徴
　草丈 15～45 cm で、全株に細軟毛がある。茎は直立または下部から斜上し、やや地這い、基部が分枝して斜めに上昇する。葉は対生し、卵円形または三角卵形で、長さ 1～1.5 cm、幅 5～8 mm、縁に円（鈍）鋸歯があり、基部が円形で、下部の葉には極短い葉柄があり、上部の葉は無柄である。花は青色でやや紫色を帯び、緩い穂形の総状花序が配列される。花柄は短く、長さ 1.5 mm ほどである。苞片は互生で倒披針形であり、蒴果より長い。花冠は四つに裂け、雄しべは 2 個である。蒴果は扁平な倒心臓形で、幅が長さより大きく、宿存性の花柱が凹み口より越え出ていない。細毛があって、縁毛が長い。種子は細小である。

■識別要点
　茎は長い柔毛が二列に密生する。葉は対生し、卵円形で縁に円（鈍）鋸歯があり、花柄の長さは 2 mm より超えない。蒴果は扁平な倒心臓形である。

■生息環境および危害
　標高 2,000 m 以下の道端、荒野、草地に生え、農地の雑草である。

■制御措置
　人力で駆除する、または真菌類の除草剤で生物除草を行う。

■生物学的特性
　一〜二年生草本で、花期は 4～5 月である。種子で繁殖する。

■中国での分布
　貴州省、湖北省、湖南省、安徽省、江蘇省、浙江省、江西省、福建省。

■世界での分布
　ヨーロッパ原産。

■中国侵入の初記録
　1975 年に出版の『中国高等植物図鑑』で記載された。

■染色体数
　$2n = 16$。

091 オオイヌノフグリ

Veronica persica M. Pop.

科　名	オオバコ科 Plantaginaceae （ゴマノハグサ科 Scrophulariaceae）
属　名	クワガタソウ属 *Veronica*
英文名	Iran Speedwell
中国名（異名）	阿拉伯婆婆納、波斯婆婆納

■形態的特徴

　草丈15〜45cmで、全株に柔毛がある。茎は基部まで枝分かれをし、下部の枝は地面を這う。茎基部の葉は対生し、上部の葉は互生する。葉は卵円形、卵状楕円形で、縦と横も1〜2cmぐらい、縁に円（鈍）鋸歯があり、基部が円形で、柄があるまたはほぼ無柄である。花は苞片が葉腋に単生し、花柄が長さ1.5〜2.5cmで明らかに苞片葉より長い。萼は深く四つに裂けて、長さ6〜8mmである。花冠は淡青色で放射状青色の筋があって四裂する。雄しべは2個である。蒴果は腎臓形、扁平な倒心臓形で、幅が長さより大きく、網状模様があり、頂端の凹み口

の開き角は90度以上である。宿存性の花柱は凹み口よりかなり出ている。種子は舟形または楕円形で表面に粒状凸起がある。

■識別要点

全株に柔毛がある。茎基部の葉は対生、上部の葉は互生し、縁に円（鈍）鋸歯があり、花は苞片葉の腋に単生し、花柄が明らかに苞片葉より長い。蒴果は扁平な倒心臓形である。近縁種のフラサバソウ［別称：ツタバイヌノフグリ（*V. hederaefolia* L.）］は葉の縁に粗い鋸歯が1～2個、花柄がやや短いなどで本種と区別できる。

■生息環境および危害

道端、住宅の付近、夏に収穫する作物の畑に生息し、特に麦畑などで作物に多大な被害を与える。また、本種はキュウリ花葉ウイルス、プラム・ポックス・ウイルス、アブラムシの中間（間接）宿主である。ホウレンソウ、甜菜、大麦などの作物の根部病原菌（*Aphanomyces cladogamus*）も本種に寄生する。

■制御措置

本種は作物の下の層に生育するので、作物を適度に密植することである程度の抑制効果がある。畑を水田に換えて輪作することでこの雑草の発生を抑制する。クロロトルロン、クロリムロン-エチル、チオベンカルブなどの除草剤を使用して防除する。また、コレトトリカム属の菌類は本種に炭疽病を発病させる。

■生物学的特性

一～二年生草本で、花期は2～5月である。種子で繁殖する。

■中国での分布

河北省、北京、新疆、チベット、四川省、貴州省、雲南省、湖北省、湖南省、安徽省、江蘇省、浙江省、江西省。

■世界での分布

ヨーロッパ、アジア（西部）原産。現在温帯および亜熱帯地域に広く分布する。

■中国侵入の初記録

『江蘇植物名録』（1919～1921年）で初記載された。1933年湖北省武漢市武昌で標本が採集された。

■染色体数

$2n = 28$。

092 イヌノフグリ

Veronica polita Pries

科　名	オオバコ科 Plantaginaceae （ゴマノハグサ科 Scrophulariaceae）
属　名	クワガタソウ属 *Veronica*
英文名	Wayside Speedwell, Field Speedwell
中国名（異名）	婆婆納

■ 形態的特徴

　草丈10〜25cmである。茎は基部に多分枝で叢になり、繊細で、地上を這い、または上昇し、やや被毛する。葉は単葉対生で短い柄があり、三角円形で、長さ5〜10mm、通常7〜9個の円形鋸歯がある。総状花序は頂生する。葉状の苞片は互生する。花柄は苞片よりやや短く、開花後に下向きに折り返る。萼は深く4裂し、裂片が卵形、果期に長さ5mmまで達し、柔毛がある。花冠は青紫色、放射状で、径4〜8mm、筒部はごく短い。雄しべは2個である。蒴果はほぼ腎臓形、やや扁平で柔毛が密生し、背筋に腺毛を混生し、萼よりやや短く、幅4〜5mm、先に凹み口の開き角が直角になり、先端が丸く、脈が不明瞭である。宿存性の花柱は凹み口よりやや出る

かまたは同じ高さである。種子は舟形で深く凹み、背面に縦の波状皺紋がある。

■識別要点

やや被毛の草本である。葉は対生で縁に7〜9個円形鋸歯がある。花は苞片葉の腋に単生する。花柄は苞片葉よりやや短い。蒴果はほぼ腎臓形、花柱は凹み口よりやや出るかまたは同じ高さである。

■生息環境および危害

標高2,200 m以下の荒地、林縁、道端に生育する。田圃と農地の普通に見られる雑草である。主に小麦、大麦、野菜、果樹などの作物に被害を与える。

■制御措置

オオイヌノフグリと同様である。

■生物学的特性

一年生または越年生草本である。陝西省渭河流域では9〜10月に出芽（苗）し、早春に発生することはごく少ない。花期は3〜5月である。種子で繁殖する。種子は4月に徐々に成熟して、3〜4か月の休眠を経てから発芽する。

■中国での分布

河北省、北京、新疆、青海省、甘粛省、陝西省、チベット、四川省、重慶、雲南省、貴州省、広西省、山西省、河南省、山東省、湖北省、湖南省、安徽省、江蘇省、上海、浙江省、江西省、福建省、台湾。

■世界での分布

西アジア原産。現在、世界の温帯および亜熱帯地域に広く分布する。

■中国侵入の初記録

1406年の『救荒本草』で初記載された。

■染色体数

$2n = 14$。

197

093 ランタナ (シチヘンゲ)

Lantana camara L.

科 名	クマツヅラ科 Verbenaceae
属 名	シチヘンゲ属 *Lantana*
英文名	Common Lantana
中国名（異名）	马缨丹、五色梅、臭绣球

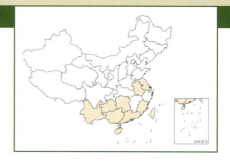

■形態的特徴

　全株に匂いがあり、草丈は1～2mである。茎と枝は四稜形で短柔毛が生え、常に鉤状刺がある。葉は単葉対生で、葉身は卵形から卵状楕円形、長さ3～9cm、幅1.5～5cm、先端は急尖または徐々に尖り、縁には鋸歯がある。両面はざらつき、もみ潰すと強烈な匂いがする。花は頭状に密集して頂生または腋生する。花序柄は太い。萼は管状、膜質で、先端にごく短い鋸歯がある。花冠は黄色またはオレンジ色で、開花後濃く紅色になる。雄しべは4個、花冠筒の中部に着生し、子房は2室、各室に胚珠1個がある。液果は球形で、熟すと紫黒色になり、骨質の小堅果は2個ある。

■識別要点

　茎と枝は四稜形で常に鉤状刺がある。葉は単葉対生し、花は頭状に密集して、花冠は黄色またはオレンジ色、開花後濃く紅色になる。液果は球形である。

■生息環境および危害

　海辺砂浜、標高80～1,500mの荒野、荒地、河岸、山の斜面の低木叢に生える。適応性が強く、牧場、林場、茶園、ミカン園などに侵入して悪性の競争者となる。全株は強烈なアレロパシー（allelopath）化学物質を発し、ほかの植物成長に一定の抑制作用を与え、森林資源と生態環境を破壊、侵入地域の生

物の種多様性がそれによって低下することになる。また、牧場、林場中のネズミ、イノシシと有害昆虫に隠れる場所を提供する。全株が有毒で、牛、馬、羊および犬などは本種の枝、葉または種子の摂食により中毒する。茎枝上の鈎状刺に引っ掛けられ、怪我をすることもある。

■制御措置

植えることと売買することは厳禁する。広く民衆に宣伝し、伝播することも禁止である。一旦野生集団が発見されれば、根元まで取り除くべきである。化学的防除は芝生除草剤を使用、異なる成長期に合わせて適切に使用することは一般的である。応用する際により効率を高め、環境への悪影響を抑えるために、機械、栽培、化学と生物学的技術手段などを総合的に行って防除する。

■生物学的特性

直立または蔓性低木、長さ4mに達する。花・果期は終年である。種子で繁殖する。

■中国での分布

雲南省、貴州省、湖南省、安徽省、江蘇省、福建省、広西省、広東省、海南省、台湾、香港。

■世界での分布

熱帯アメリカ原産。現在汎熱帯地域の雑草になった。

■中国侵入の初記録

明朝の末にスペイン人によって台湾に伝入した。

■染色体数

$x = 11, 12, (2x - 6x)$

199

094 フトボナガボソウ

Stachytarpheta jamaicensis (L.) Vahl.

科　名	クマツヅラ科 Verbenaceae
属　名	ナガボソウ属 *Stachytarpheta*
英文名	Jamaica Falsevelerian
中国名（異名）	假马鞭草、假败酱、铁马鞭

■形態的特徴

　草丈は 0.6～2 m である。若い枝は四角で、疎らに短毛が生える。葉は厚紙質、楕円形から卵状楕円形で、長さ 2.4～8 cm、先端は急に尖り、基部は楔形で、縁には粗い鋸歯、両面に短毛が散生し、側脈は 3～5 本で背面（裏面）に隆起する。葉柄は長さ 1～3 cm である。穂状花序は頂生し、長さ 11～29 cm である。花は苞葉腋に単生して、花序軸の凹みに半ば嵌め込まれて螺旋状に配列される。苞片は縁が膜質であり、繊毛があって先端が芒状に尖る。萼は筒状で、膜質、無毛、長さ約 6 mm である。花冠は濃青紫色で、長さ 0.7～1.2 cm で、内面の上部に毛があり、先端が五つに裂ける。雄しべは 2 個で、花糸が短い。花柱は花筒から出て、柱頭は頭状で子房は無毛である。果実は膜状の萼の中にあり、熟成後に 2 弁裂し、各弁に種子が 1 個ある。

■識別要点

　単葉は対生する。縁には粗い鋸歯がある。穂状花序は頂生し、花は花序軸の凹みに半ば嵌め込まれている。

■生息環境および危害

　標高 300～580 m の山谷の陰湿草叢に生長する。

よく熱帯の谷地に侵入して、単優勢種の集団になり、当地の生物多様性に影響する。
■制御措置
　発生確認次第、即時に人力によって駆除する。
■生物学的特性
　多年生草本または亜低木である。花期は8〜11月、果期は9〜12月である。種子で繁殖する。
■中国での分布
　雲南省（南部）、福建省（南部）、広東省、広西省、海南省、台湾、香港。

■世界での分布
　中央アメリカ原産。北アメリカの南部にも分布する。現在東南アジア各地域に広く分布する。
■中国侵入の初記録
　19世紀末に香港に出現し、20世紀初期にすでに香港と九龍の道端でよく見かける雑草となった。
■染色体数
　$2n = 14$。

095 モミジヒルガオ

Ipomoea cairica (L.) Sweet

科　名	ヒルガオ科 Convolvulaceae
属　名	サツマイモ属 *Ipomoea*
英文名	Plamate-leaved Morning
中国名(異名)	五爪金龙、蕃仔藤、掌叶牵牛

■形態的特徴

　塊状根である。茎は灰緑色で、無毛またはざらつき、多少稜がある。葉は互生し、基部まで指状5深裂し、中央の裂片はより大きくて卵形、長さ4～5cm、基部の一対裂片は再び浅裂または深裂をし、先端が急に尖るかまたはやや円鈍の短尖となり、葉柄の長さは2～8cmである。1～3個の花からなる花序は腋生し、花柄の長さは0.5～2cmである。萼片は不揃いで外側2個のほうが短い。長さは4～6mmで、無毛である。花冠は粉紅色または紫紅色、漏斗形で、径5～7cmである。雄しべは花筒に内蔵され、長さが不揃い、子房は無毛、柱頭は2裂する。蒴果は球形で径1cmほどである。種子は黒色で、長さ約5mm、密に被毛する。

■識別要点
　草質の藤本で、乳液がある。葉は互生し、基部まで指状5深裂し、花冠は漏斗形で粉紅色または紫紅色、径5〜7cmである。蒴果は球形である。

■生息環境および危害
　荒地、海岸付近の矮樹林、低木叢、人工林、山地二次林などに生育する。よくほかの低木の林冠を覆うようにして絡み、樹木が十分な日光を得られなくなって徐々に枯死することになる。現在、中国南方地域の園林の有害雑草になっている。

■制御措置
　本種を取り除くことは比較的容易である。本種の蔓を切り、根を取り除き、残りの部分を自然乾燥させてから人力的に駆除する。再蔓延を防止する。

■生物学的特性
　多年生細い蔓性藤本である。花期は長く、一年中四季に開花し続けるが、一日一花で、花は早朝に咲き、午後に萎れる。種子で繁殖する。

■中国での分布
　雲南省（南部）、広西省、福建省、広東省、海南省、台湾、香港、マカオ。

■世界での分布
　アメリカ大陸原産。現在熱帯地域に広く分布する。

■中国侵入の初記録
　1992年に出版された『Flora of Kwangtong and Hongkong』にて本種は香港で帰化したと記載された。

■染色体数
　$x = 14, 15$。

096 アサガオ

Ipomoea nil (L.) Roth

科　名	ヒルガオ科 Convolvulaceae
属　名	サツマイモ属 *Ipomoea*
英文名	Morning-glory
中国名（異名）	牵牛、裂叶牵牛

■形態的特徴

　全体に硬毛が生える。茎は細長く、蔓性、分枝が多数である。葉は互生し、心臓形で通常中部まで3裂し、中央の裂片は楕円形で徐々に尖り、両側の裂片の底部は広円形である。掌状葉脈である。花序は1～3個の花からなる。小苞片は2個、細長い。萼片は狭披針形、外面に毛がある。花冠は漏斗形で、長さ5～7 cm、青色または淡紫色、筒部は白色である。雄しべは5個、花冠外に出ず、花糸は長さが不揃いであり、基部のほうがやや広く、有毛である。子房は3室、各室に胚珠が2個ある。蒴果は球形である。種子は5～6個、黒色、無毛である。

■識別要点

　草質藤本である。植物体に水状乳液がある。葉は互生で心臓形、花冠は漏斗形である。青色または淡紅色、径5～7 cmである。蒴果はほぼ球形、3弁に開裂する。広東省の沿岸および台湾に本種と近縁の侵入植物サンレツバアサガオ（*I. triloba* L.）があり、葉が3浅裂または粗い鋸歯を持ち、稀に全縁である。萼片は楕円形で長さ5～8 mm、先端は小さく尖り、疎らな柔毛および縁毛があり、花冠の長さは1.5 cmであり、蒴果は2室で4弁に開裂する。

■生息環境および危害
　田圃、道端、河谷、平野、山谷、林内などに生息する。観賞用に栽培されるかまたは野生化している。適応性が強く、広く分布し、庭園の一般的な雑草になっている。林の縁に侵入して、低木林に被害を与える。
■制御措置
　幼苗期に人力で駆除する。実りの前に刈り除く。化学防除は、マルバアサガオと同様である。
■生物学的特性
　一年生の蔓性草本である。種子は通常4〜5月で発芽する。花期6〜9月、果期は6〜9月である。種子で繁殖する。
■中国での分布
　中国では西北と東北のいくつかの省と自治区以外の大部分の地域に分布する。
■世界での分布
　熱帯アメリカ原産。現在熱帯、亜熱帯地域に広く分布する。
■中国侵入の初記録
　220〜450年に編纂された『名医別録』で記載された。

■染色体数
　$2n = 30 = 28m + 2sm$。

097 マルバアサガオ

Ipomoea purpurea (L.) Roth
[Syn. *Pharbitis purpurea* (L.) Voigt]

科　名	ヒルガオ科 Convolvulaceae
属　名	サツマイモ属 *Ipomoea*
英文名	**Common Morning Glory**
中国名（異名）	圆叶牵牛、圆叶旋花、紫花牵牛

■形態的特徴

　全株は短柔毛と逆向きの長硬毛におおわれ、茎は蔓状で多数分枝する。葉は互生し、葉身は広卵円形で先端は徐々に尖り、基部は心臓形で全縁、葉柄の長さは5～9cmである。花は1～5個腋生し、花序柄は葉柄とほぼ同じ長さである。苞片は線形で長さ6～7mmである。萼片は楕円形で5個があり、長さ1～1.6cm、基部が展開する長硬毛におおわれる。花冠は漏斗形で径4～6cm、紫色、淡紅色または白色である。雄しべは5個、長さは不揃い、子房は3室で1室ごとに胚珠2個があり、柱頭は頭状3裂である。蒴果はほぼ球形で径9～10mm、無毛、

3弁に開裂する。種子は黒色または藁色で、卵球状3稜形、表面がざらつく。

■識別要点

　草質藤本である。植物体に水状乳液がある。葉は互生で、円心臓形、花冠は漏斗形である。紫色、淡紅色または白色である。径4～6cm、蒴果はほぼ球形、3弁に開裂する。

■生息環境および危害

　標高2,800m以下の田圃、道端、河谷、平野、林などに生息する。観賞用に栽培されるかまたは野生化する。適応性が強く、広く分布し、庭園の一般的な雑草となっている。芝生や低木、林縁に侵入して、低木林に被害を与える。

■制御措置

　幼苗期に人力で駆除する。実りの前に取り除く。化学防除は、MCPA剤、2,4-Dブチルエステルを使用して、本種の種子の発芽を抑制し、苗を致死させる。薬剤を本種の葉に噴射することで、植物体を除滅する。

■生物学的特性

　一年生の蔓性草本である。種子は通常4～5月で発芽する。花期6～9月、果期は6～9月である。種子で繁殖する。

■中国での分布

　黒竜江省、吉林省、遼寧省、河北省、北京、天津、新疆、青海省、陝西省、四川省、重慶、貴州省、雲南省、広西省、山西省、河南省、山東省、湖北省、湖南省、安徽省、江蘇省、上海、浙江省、福建省、広東省、香港。

■世界での分布

　熱帯アメリカ原産。世界各地熱帯地域に広く分布する。

■中国侵入の初記録

1890年にすでに栽培された。

■染色体数

　$2n = 30 = 28m + 2sm$。

098 チョウセンアサガオ

Datura metel L.

科　名	ナス科 Solanaceae
属　名	チョウセンアサガオ属 *Datura*
英文名	Hindu Datura
中国名(異名)	洋金花、百花曼陀罗

■形態的特徴

　草丈30～100 cmであり、全体はほぼ無毛である。茎の基部はやや木質化している。葉は互生または茎の上部に対生し、卵形または広卵形で、長さ5～19 cm、幅4～12 cm、先端が尖り、基部の両側が不対称であり、全縁または微波状を呈し、あるいは各縁に3～4個短い鋸歯がある。葉柄の長さは14～17 cmである。花は枝分かれのところまたは葉腋に単生する。萼は筒状で5裂をし、果実のときに宿存して部分的増大して浅い皿状になる。花冠は漏斗状で、長さ14～17 cm、5裂で、裂片の先端が尖り、白色である。栽培されたものは常に八重型になる。雄しべは5個であるが、八重型の場合は15個まで達する。蒴果は斜めに上昇して扁平な円形になり、径約3 cm、表面に疎らな硬い短刺を生じる。成熟した果実は不規則に開裂し、種子は多数で、扁平三角形、淡褐色である。

■識別要点

　植物体はほぼ無毛である。花冠は漏斗状、長さ14～17 cm、蒴果は表面に疣状突起または粗短刺がある。

■生息環境および危害

　日当りの良い山の斜面の草地または住宅の傍に生息し、南方地域の普通の雑草である。

■制御措置

　実りの前に人力で駆除し、引種を控える。

■生物学的特性

　一年生草本である。花・果期は9～11月である。温暖湿潤な気候を好む。排水良好な土壌または砂質の土をより好む。5℃程度の気温で種子が発芽し、気温が2℃以下になると株が死亡する。

■中国での分布

　黒竜江省、吉林省、遼寧省、河北省、北京、新疆、青海省、甘粛省、陝西省、山西省、河南省、チベッ

ト、四川省、雲南省、貴州省、広西省、安徽省、江蘇省、浙江省、福建省、広東省、台湾当地でよく栽培され、たまに野生化する。

■世界での分布

インド原産。現在熱帯と亜熱帯地域に広く分布する。温帯地域に多数栽培されている。

■中国侵入の初記録

侵入の時期は不詳であるが、シロバナヨウシュチョウセンアサガオと同時に伝入されたと思われる。1995年の『薬学学報』第3巻第2期に記載された。

■染色体数

$2n = 24$。

099 シロバナヨウシュチョウセンアサガオ

Datura stramonium L.

科　名	ナス科 Solanaceae
属　名	チョウセンアサガオ属 *Datura*
英文名	Common Thom Apple, Jimson Weed
中国名（異名）	曼陀罗、醉心花、醉仙桃

■形態的特徴

　茎は直立して高さ1〜2mである。単葉は互生である。葉身は広卵形で先端が尖り、基部が不対称の楔形であり、縁に不規則な波状浅裂になって裂片が三角形である。葉脈に疎らな短柔毛があり、葉柄の長さは3〜5cmである。花は枝の分岐点または葉腋に単生する。萼は筒状で5稜があり、5浅裂で、長さ4〜5cmである。花冠は漏斗状で、長さ6〜10cm、上部は白色または紫色で、浅く5裂する。雄しべは5個、子房は不完全4室である。蒴果は直立して卵球形であり、長さ3〜4cm、硬く鋭い刺を持ち、または稀に無刺である。成熟した果実は4室に分かれる。種子は卵円形でやや扁平、黒色である。

■識別要点

　花冠は漏斗状である。上部は白色または紫色で、浅く5裂する。蒴果は直立し、卵球形であり、表面に

硬く鋭い刺におおわれている。同属の帰化植物アメリカチョウセンアサガオ（*D. inoxia* Mill.、英文名 Downy Thorn Apple）は植物体が腺状短柔毛におおわれ、萼筒は無稜角であり、花冠筒の長さは10～17 cm、蒴果に細長い刺があることで本種と区別する。

■**生息環境および危害**

荒地、道端、畑、住宅の傍、日当りの良い山の斜面、林縁、草地に生息する。畑、果樹園、苗圃の雑草であり、または林縁、道端や草地に侵入する。全植物体にあるアルカロイド（Alkaloid）は人や、家畜、魚類と鳥類に強い毒性がある。特に果実と種子の毒性が大きい。

■**制御措置**

実る前に人力で駆除する。

■**生物学的特性**

一年生草本である。低緯度地域に亜低木になる。花期は6～10月、果期は7～11月である。種子で繁殖する。

■**中国での分布**

全国各地域、市、省に帰化、分布している。

■**世界での分布**

メキシコ原産。世界中に温帯から熱帯地区まで広く引種栽培され、帰化する。

■**中国侵入の初記録**

1578年に完成した『本草綱目』に記載された。

■**染色体数**

$2n = 24$。

100 オオセンナリ

***Nicandra physaloides* (L.) Gaertn.**

科　名	ナス科 **Solanaceae**
属　名	オオセンナリ属 ***Nicandra***
英文名	**Apple-of-Peru, Shooflyplant**
中国名（異名）	假酸浆、冰粉、鞭打绣球、大千生

■形態的特徴

　草丈40～130 cmである。主根は長い円錐形でひげ根は繊細である。茎は円柱形で4～5本の縦溝があり、緑色、時に紫色を帯び、上部は交互の2叉分枝である。単葉は互生し、葉身は卵形から楕円形、長さ4～12 cm、幅2～8 cm、革質であり、先端が急に尖りまたは短く伸びて尖り、基部が広楔形で縁に不規則な鋸歯または浅裂があり、両面を粗い毛がおおう。花は青藍色で葉腋に単生して葉と対生する。萼は5深裂をし、花冠は広鐘状で浅く5裂をする。花筒内面の基部に5個の紫斑がある。雄しべは5個、子房は3～5室である。球形の液果は大きな宿存性の萼に包まれる。種子は淡褐色である。

■識別要点

　萼は基部まで5深裂をし、裂片の基部は深心臓形であり、二つの尖鋭な耳片があり、果実のときに萼の裂片が増大して液果を完全に包む。子房は3～5室である。

■生息環境および危害

　田圃の傍、道端および荒地に生息する。数が少ないので、被害は大きくならない。

■制御措置

　発生時に人力で駆除する。

■生物学的特性
　一年生の草本植物である。花・果期は夏、秋である。種子で繁殖する。
■中国での分布
　河北省、甘粛省、チベット、四川省、貴州省、雲南省、湖北省、台湾などの地で栽培されまたは野生化する。

■世界での分布
　南アメリカ、ペルー原産。
■中国侵入の初記録
　1964年に出版された『北京植物志』（中冊）に記載された。
■染色体数
　$2n = 24$。

213

101 シマホウズキ
Physalis peruviana L.

科　名	ナス科 Solanaceae
属　名	ホウズキ属 *Physalis*
英文名	Peru Groundcherry
中国名（異名）	灯笼果、小果酸浆

■形態的特徴

　草丈は45～90cmである。匍匐の根茎を持つ。茎は直立、枝分かれしない、または少し分かれ、密に短柔毛に被われる。葉は互生して、葉身が広卵形または心臓形で、長さ6～15cm、幅4～10cm、先端が短く尖り、基部が対称の心臓形で全縁または少数不明瞭な鋸歯があり、両面に柔毛が密に生える。葉柄は長さ2～5cmで、柔毛が密生する。花は葉腋に単生し、花柄が長さ約15mmである。萼は広鐘状で、長さ7～9mmであり、縁の裂片が披針形である。花冠は広鐘状で、黄色、中心に紫の斑紋があり、径15～20mm、縁が浅く5裂する。裂片はほぼ三角形である。雄しべは5個、花糸と葯が青紫で、葯の長さ3～3.5mmである。宿存する萼は卵球形で、淡緑色または淡黄色である。液果は球形で径1～1.5cm、熟すと黄色となる。種子は円盤形で、黄色、径約2mmである。

■識別要点

　葉の基部は対称の心臓形で、全縁または少数不明瞭な鋸歯がある。花冠は広鐘状で、淡黄色である。宿存する萼は果期に増大して膀胱状になって、液果を完全に包む。葯の長さは3～3.5mmである。同属の侵入植物センナリホオズキ（*P. pubescens* L.）は葉の基部が斜心臓形で、全縁または不均等な三角形鋸歯を持ち、葯の長さが1～2mmであることで本種と区別できる。

■生息環境および危害

　標高1,200～2,100mの道端、河谷に生息する一般的な雑草であり、熟した果実は食用ともなる。

■制御措置

　実る前に人力で駆除する。化学的防止では、除草剤の2,4-ジクロロフェノキシ酢酸ナトリウム一水和物、パラコートジクロライド、ベンタゾン、MCPA剤などを使用する。

■生物学的特性

　多年生草本である。花・果期は6～9月である。種子で繁殖する。

■中国での分布

　雲南省、広東省などで栽培され、野生化する。

■世界での分布

　南アメリカ原産。

■中国侵入の初記録

　1956年に出版の『広州植物志』に記載された。

■染色体数

　$2n = 24$。

102 キンギンナスビ

Solanum aculeatissimum Jacq.
(Syn. *S. khasiaum* C. B. Clarke)

科　名	ナス科 Solanaceae
属　名	ナス属 *Solanum*
英文名	Himalaya Nightshade
中国名（異名）	喀西茄、苦顛茄、苦天茄、刺天茄

■形態的特徴

　草丈は3mに達する。全草に鋭い刺、腺毛および基部扁平の刺が密生する。刺の長さは0.2～1.5cmである。葉は広卵状、長さ6～15cm、先端は漸に尖り、基部は心臓形で5～7深裂し、裂片の縁に不規則な歯裂および浅裂があり、表面の葉脈に沿って毛が密生し、刺が疎らにある。葉柄の長さは3～7cmである。花は1または2～4個集まってさそり状の花序になって節間の途中（葉腋外）につく。萼は鐘状で、楕円状披針形の裂片が長さ約5mm、長い縁毛がある。花冠筒は淡黄色で、長さ1.5mm、花冠の縁が白色で、披針形の裂片は反り返っていて、長さ1.4cmほど、脈紋がある。雄しべは5個、花葯の先端が延長し、長さ6～7mm、先端孔裂する。子房は微柔毛がある。液果は球形で、径2～3cm、淡黄色、宿存性の萼は毛および刺があり、後に徐々に脱落する。種子は褐黄色で、ほぼ倒卵円形、径2～2.8mmである。

■識別要点

　全草に鋭い刺があり、単毛または葉の裏面に疎らに星状毛がある。茎、枝に基部扁平の刺のほか、長硬毛もある。花は白色である。液果は球形で、淡黄色に熟する。近縁の侵入植物種（*S. capsicoides* All.）は茎、枝は無毛、真っ直ぐ細い刺があり、液果は扁球形、鮮やかな赤色に熟するなどの特徴で本種と区別する〔日本ではこの2種は同種異名に分類されて

いる。本書では液果の色違いによって区別される〕。
■**生息環境および危害**
　標高600～2,300 mの道端、荒地、山の斜面の低木叢・草地、または疎林に生息する。有刺の雑草であり、全草に有毒のソラニンを有し、特に未熟な果実に毒性が強い。人も家畜も誤食によって中毒する。
■**制御措置**
　苗期に人力で駆除する。
■**生物学的特性**
　草本または小低木である。花期は7～9月、果期は9～11月である。種子で繁殖する。
■**中国での分布**
　チベット、四川省、重慶、貴州省、雲南省、広西省、湖南省、浙江省、江西省、福建省、広東省。
■**世界での分布**
　ブラジル原産。現在アジア、アフリカ熱帯地域に広く分布する。
■**中国侵入の初記録**
　19世紀に貴州省の南部で発見された。
■**染色体数**
　$2n = 24$。

217

103 キンギンナスビ（赤い実）

Solanum capsicoides All.

科　名	ナス科 Solanaceae
属　名	ナス属 *Solanum*
英文名	Soda-apple Nightshade, Cockroach Berry
中国名（異名）	牛茄子、番鬼茄、大顛茄、顛茄

■形態的特徴

　草丈は30～70cmである。茎、枝、花柄および萼に硬い細刺が生える。葉は広卵状で、長さ5～13cm、先端が次第に尖り、基部が心臓形で5～7深裂または半裂し、裂片は三角形または卵形で、縁辺に浅い波状、表面の葉脈に沿って刺が疎らにある。葉柄は長さ2～7cmであり、繊毛および細刺が微量に生える。長さ2cmまで達しない花序は葉腋外につき、花が少数である。花柄は細刺および繊毛があり、長さ0.5～1.5cmである。萼は杯状で長さ約5mmの裂片が卵形であり、細刺および繊毛がある。花冠は白色で、筒の長さ2.5mm、裂片は披針形で、長さ1～1.2cmである。雄しべは5個である。液果は扁球形で径3.5～6cm、鮮やかな赤色に熟する。果柄の長さは2～2.5cm、細刺がある。縁辺が翅状の種子は径4～6mmである。

■識別要点

　植物体に細い直な刺があり、茎、枝が無毛である。液果は扁球形、鮮やかな赤色に熟する〔日本では、*S. aculeatissimum* Jacq.と同種異名に分類されている〕。

本書では液果の色違いによって区別される〕。
■**生息環境および危害**

標高 200 〜 1,500 m の道端、低木叢、荒れ地に生息する。有刺の雑草であり、全草に有毒のソラニンがあり、特に未熟な果実の毒性が強い。人も家畜も誤食により中毒する。
■**制御措置**

苗期に人力で駆除する。
■**生物学的特性**

草本または小低木である。花期は 6 〜 8 月、果期は 8 〜 10 月である。種子で繁殖する。
■**中国での分布**

四川省、重慶、貴州省、雲南省、湖南省、江西省、福建省、広東省、台湾、香港。
■**世界での分布**

ブラジル原産。現在世界の熱帯地域に広く分布する。
■**中国侵入の初記録**

1895 年に香港で発見された。
■**染色体数**

$2n = 24$。

104 ヤンバルナスビ

Solanum erianthum D. Don

科　名	ナス科 Solanaceae
属　名	ナス属 *Solanum*
英文名	Muttein Nightshade, Wild Tobacco
中国名（異名）	假烟叶树、野烟叶、茄树、土烟叶

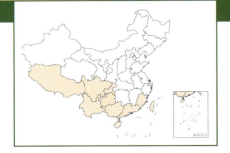

■形態的特徴

　樹高は1.5～10mである。全株に星状毛が密生する。葉は卵状長楕円形で、長さ10～29cm、裏面に被毛が多く、全縁またはやや波状であり、先は鋭く尖り、基部は広楔形である。側脈は5～9対、葉柄は長1.5～5.5cmである。複散形花序は頂生で、花序柄の長さは3～10cm、花柄の長さは3～5mmである。萼は鐘状で5個中裂、萼歯（裂）は卵形で、長さ約3mmであり、中脈（中肋）が明瞭である。花冠は白色、花冠の檐部が5裂、裂片は楕円形、長さ6～7mm、中肋が明瞭である。雄しべは5個である。液果は球形、径約1.2cm、黄褐色、はじめ星状毛におおわれ、後にどんどん脱落する。種子は扁平形である。

■**識別要点**

低木で全株に星状毛が密生する。花が多数の複散形花序はほぼ頂生で、一平面上に揃う。花は白色、液果は球形、黄褐色である。

■**生息環境および危害**

通常標高300〜2,100 mの荒地、山の斜面の低木叢に生息する。全株が有毒であり、果実のほうが毒性が強い。

■**制御措置**

実る前に人力で駆除する。

■**生物学的特性**

小高木または低木である。花・果期はほぼ通年である。種子で繁殖する。

■**中国での分布**

チベット、四川省、重慶、雲南省、貴州省、広西省、福建省、広東省、海南島省、台湾、香港などの地域。

■**世界での分布**

熱帯アメリカ原産。現在南米、熱帯アジア、オセアニア地域に広く分布する。

■**中国侵入の初記録**

1857年に福建省のアモイで標本が採集された。

■**染色体数**

$2n = 24$。

105 トマトダマシ

Solanum rostratum Dunal.

科　名	ナス科 Solanaceae
属　名	ナス属 *Solanum*
英文名	Buffalobur, Kansas Thistle, Prickly Nightshade
中国名（異名）	刺萼龙葵、黄花刺茄

■形態的特徴

　草丈は15〜70cmである。茎は直立して分岐が多く、表面に毛があり、黄色い硬刺が密生し、基部がほぼ木質である。葉は互生、葉身は卵形または楕円形で、長さ5〜18cm、幅4〜9cmであり、不規則な羽状深裂、部分の裂片が羽状半裂であり、表面に星状毛がある。両面の葉脈に疎らに刺がある。葉柄は長さ0.5〜5cmである。花は節間の途中に（葉腋外）3〜15個集まってつき、さそり状複散花序となる。花期に花序の軸が伸長して総状花序になる。萼に長い刺と星状毛が密生する。花冠は黄色で5深裂、径2〜3.5cm、外面に星状毛が密生する。雄しべは

5個、下の1個はやや大きい。液果は球形、径1〜1.2 cm、刺と星状毛のある宿存性の萼に包まれる。種子はほぼ腎臓形で黒く、径2.5〜3 cm、表面に蜂の巣のような凹みがある。

■識別要点

全体に黄色い硬刺が密生する。葉は不規則な羽状深裂である。花は黄色く、雄しべは5個で、下の1個はやや大きい。液果は刺と星状毛のある宿存性の萼に包まれる。

■生息環境および危害

過放牧の牧場、農田、瓜畑、荒地などに生息する。温暖な気候、砂質の土壌に適応し、乾燥してかつ硬い土壌、湿潤な耕地でも生長する。この雑草は極めて耐乾燥であり、また蔓延の速度が速く、どこにでも生長することで至るところが荒地となる。全体にある毛と刺は家畜を傷つける。植物体はソラニンを生じ、家畜に有毒である。中毒症状は呼吸困難、衰弱、痙攣などである。この果実の中毒で死に至った家畜は、過剰に涎を垂らすという唯一の症状しか呈しないこともある。その他、本種の果実は羊毛（ウール）の品質に影響をもたらす。

■制御措置

輸入、輸出された種子、国内で流通している種子をサンプリング検査し、検疫を強化する。化学防止においては本種に2,4-ジクロロフェノキシ酢酸ナトリウム一水和物を使用する。本種は幼苗期に2,4-ジクロロフェノキシ酢酸ナトリウム一水和物に対して比較的敏感であるが、開花後に抵抗性が大きくなる。2,4-ジクロロフェノキシ酢酸ナトリウム一水和物とジカンバの併用が、単独の使用よりも効果が高い。機械的防除の方策としては、草刈りまたは開花する前に株ごと除去することによって、種子の形成と散布を防止する。

■生物学的特性

一年生草本植物である。開花期は6〜9月である。

■中国での分布

吉林省、遼寧省、河北省、北京、山西省、新疆。

■世界での分布

北米原産。現在アメリカ、メキシコ、ロシア、バングラデシュ、オーストリア、ブルガリア、チェコ、ドイツ、デンマーク、南アフリカ、オーストラリア、ニュージーランドなどに広く分布する。

■中国侵入の初記録

1991年に出版の『遼寧植物志』に記載された。

■染色体数

$n = 12$。

106 スズメナスビ

Solanum torvum Swartz.

科　名	ナス科 Solanaceae
属　名	ナス属 *Solanum*
英文名	Wild Tomato
中国名（異名）	水茄、刺茄、山颠茄

■ 形態的特徴

　株高は1～3 mである。小枝は疎らに扁平な刺を持つ。小枝、葉の裏面、葉柄および花序柄にも星状毛が生える。葉は卵形から楕円形で、長さ6～9 cm、幅4～13 cm、先端が尖り、基部が心臓形または楔形、両縁が不等（不等辺）で、5～7個浅裂または波形である。葉脈は有刺または無刺で、葉柄は長さ2～4 cm、1～2個の皮刺があり、または無刺である。複散形円錐花序は節間の途中（葉腋外）につき、花柄は長さ5～10 mm、腺毛または星状毛が生える。萼は5裂で、卵状楕円形であり、長さ約2mmである。花冠は径1.5 cm、白色で、輻射状に5裂する。裂片は卵状披針形で先端が漸に尖り、外面に星状毛がある。花筒部は萼内に隠される。雄しべは5個、葯は寄せ合い、先端が孔裂する。液果は黄色、球形、径1～1.5 cm、無毛であり、果柄は長さ約1.5 cm、上部が膨らむ。種子は皿状である。

■識別要点
　小低木である。植物体が星状毛におおわれ、複散形円錐花序は節間の途中（葉腋外）につき、花は白色で花柄と萼の外側に星状毛および腺毛におおわれる。液果は黄熟する。

■生息環境および危害
　標高 200 ～ 1,650 m の道端、荒地、山の斜面の低木叢、谷、村落付近の湿潤なところに好んで生息する。有刺の雑草であり、畑や林縁に侵入する。

■制御措置
　実る前に人力で駆除する。

■生物学的特性
　低木であり、通年中に開花、結果をする。種子で繁殖する。

■中国での分布
　チベット（墨脱）、貴州省、雲南省（南部）、福建省、広西省、広東省、海南島省、台湾、香港、マカオ。

■世界での分布
　アメリカのカリブ海地域原産。現在熱帯地域に広く分布する。

■中国侵入の初記録
　1827 年マカオで発見された。

■染色体数
　$2n = 24$。

107 マルバフジバカマ

Ageratina adenophora (Sprengel) King et Robinson
(Syn. ***Eupatorium adenophora*** Sprengel)

科　名	キク科 Compositae
属　名	ヒヨドリバナ属 *Ageratina(Eupatorium)*
英文名	Crofton Weed, Mistflower, Eupatorium
中国名(異名)	紫茎泽兰、破坏草、解放草

■形態的特徴

　草丈は30～200 cmである。茎は直立、紫色、腺状短軟毛を持ち、分枝が対生する。葉は対生し、卵状三角形～卵状菱形で、両面に縮れた短い毛がまばらに生え、先端は短く尖り、基部は切形またはややハート形、3主脈が基部から出る。葉縁に粗い鋸歯がある。葉柄があり、長さ4～5 cmである。頭花は直径6 mm、枝の先端につき、散房花序になる。頭花の総苞は広鐘形で、約40～50個の花がある。総苞片は線形または線状披針形で、管状花は白色であるが、まれに紫色を帯びる。長さ1.5 mmの痩果(そう)は黒褐色、5稜を持つ。冠毛は白色、花冠よりわずかに長い。

■識別要点

　茎は紫色、腺状短軟毛がある。葉は対生し、卵状三角形～卵状菱形で、3主脈が基部から出る。縁に粗い鋸歯がある。頭花は枝の先端につき、散房花序になる。

■生息環境および危害

　農耕地、牧草地、人工林、荒山、荒地、道端、水路脇、屋上、岩場、砂礫などに生息する。秋の作物、果樹、茶樹に被害を加える。大量発生で、被害拡大する。牧場に侵入し、ほかの優良牧草を淘汰する。枝、葉は有毒、家畜は誤食により胃腸炎、喘息となる。花粉や痩果が人の目、鼻に入ると炎症、発濃、死亡に至る。人は防除作業をする時間が長くなると頭痛などの症状が出る。森林が伐採されると、跡地に迅速に侵入し、森林の自然更新ができなくなる。

■制御措置

　①物理的防止措置：人工的除去の効果はあまりな

い。植生回復には、例えばダンドク（*Canna indica* L.）、ギョウギシバ（*Cynodon dactylon* L.）など多年生の植物を代替植することが有効である。②生物的防止措置：*Procecidochares utilis* ミバエは植物体の成長に抑制作用がある。野外寄生率が50％に達する。アルテルナリア菌 [*Alternaria alternate* (Fr.) Keissler] は本種の真菌類除草剤になる潜在力がある。③化学的防止措置：2,4-D、グリホサート、ジウロンブチルエステルなどの農薬を利用して、本種の地上部の成長を抑制する。④生態制御：人工的植生の育ち、樹木の成長を促進することによって、木陰を形成し、本種の成長を抑制する。⑤総合利用：予備的処理をし、発酵させてメタンガスを形成し、有機肥料として利用する。または、その他の資源植物として開発利用する。

■**生物学的特性**

多年生草本または亜低木である。花期は11月～翌年の4月、果期は3～4月である。主に種子で繁殖、根茎での栄養繁殖もできる。結実力が強く、毎株3～3.5万個種子を結実、多い場合は10万粒まで達する。痩果は小さく、冠毛によって風で散布する。適応力が極めて高く、乾燥、貧瘦の荒山、荒地、石の隙間、屋上においてすら生長する。

■**中国での分布**

チベット、重慶、四川省、貴州省、雲南省、湖北省、湖南省、広西省、台湾。

■**世界での分布**

メキシコとコスタリカ原産。現在世界の熱帯、亜熱帯の30数か国と地域に広く分布する。

■**中国侵入の初記録**

1935年雲南の南部で発見された。

■**染色体数**

$2n = 51 = 30m + 21s$。

108 カッコウアザミ

Ageratum conyzoides L.

科　名	キク科 Compositae
属　名	カッコウアザミ属 *Ageratum*
英文名	Tropic Agertum
中国名（異名）	藿香薊、胜红薊

■形態的特徴

　植物体は高さ30～60 cm、やや香りがあり、粗毛におおわれる。茎は直立し、葉は単葉で対生、時に上部の葉は互生する。葉身は卵形または菱状卵形、頂端が急に尖り、基部が円鈍または広楔形で、縁辺が円鋸歯を持ち、葉の両面に疎らな白色の軟毛と黄色の腺点を持つ。3出の葉脈である。頭状花序は枝の先に散房状に配列される。総苞片は2～3層、楕円形または披針状楕円形、縁は不規則に裂け、先は刺状で、外面は無毛である。花は淡青色または白色、頂端が5裂である。痩果は黒褐色、5本の筋（稜）があり、冠毛は膜状、上部に向かってどんどん細く芒状になる。

■識別要点

　全身被毛、単葉で対生、葉の基部が円鈍または広楔形で、頭状花序の直径が6 mmである。花は淡青色または白色である。同属の侵入植物ムラサキカッコウアザミ（*A. houstonianum* Miller.）は葉の基部が心臓形または切形、総苞片の背部に粘性の毛が密にあることで本種と区別できる。

■生息環境および危害

　各地の山谷、林縁、林下、農地、草地、荒地、河

川の近辺に生息する。常にトウモロコシ、サトウキビ、サツマイモの畑に大量発生する。地域性の悪性雑草であり、大きな被害をもたらす。

■**制御措置**

中耕除草と併せて駆除する。厳重な地区では化学防除法でS-メトラクロールという除草剤は落花生畑のカッコウアザミに顕著に有効であり、持効期も長い。また、フルオログリコフェン（Fluoroglycofen）は落花生畑のカッコウアザミに有効率97％以上となる。

■**生物学的特性**

一年生草本であり、軟らかい土壌を好む。花・果期は通年であり、種子で繁殖する。

■**中国での分布**

チベット（東南部）、四川省、重慶、貴州省、雲南省、安徽省、江蘇省、湖北省、湖南省、浙江省、江西省、福建省、広西省、広東省、海南省、台湾、香港、マカオ。

■**世界での分布**

中南米原産。現在アフリカ、アジア熱帯、亜熱帯地域に帰化した。

■**中国侵入の初記録**

19世紀に香港で発見された。

■**染色体数**

$2n = 40$。

109 ムラサキカッコウアザミ

Ageratum houstonianum Miller.

科　名	キク科 Compositae
属　名	カッコウアザミ属 *Ageratum*
英文名	Mexican Ageratum
中国名(異名)	熊耳草、大花藿香薊、心叶藿香薊

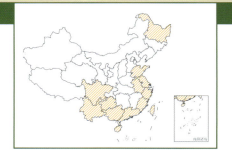

■形態的特徴

　植物体は高さ 70～100 cm、白色で、長い軟毛におおわれる。茎が直立し、葉は対生、時に上部の葉が互生に近い、卵円形または三角状卵形、中部茎の葉は長さ 2～6 cm、幅 1.5～3.5 cm、縁辺に規則的円鋸歯があり、その先端が丸くまたは急に尖り、基部に心臓形または切形、そして葉の両面に長い軟毛がある。葉柄の長さは 0.7～3 cm である。頭状花序は 5～15 個または多数が枝の先に散房状または複散房状に配列する。総苞は鐘状、直径 6～7 mm、線状披針形の総苞片は 2 層、外面に腺質毛を持つ。頭花の花はすべて筒状花。花冠の長さは 2.5～3.5 mm、淡紫色、5 裂で、裂片の外面に軟毛がある。痩果はやや楔形、黒色、長さ 1.5～1.7 mm で、5 本の縦の稜がある。冠毛は 5 本膜状である。

■識別要点

　葉は対生、基部に心臓形または切形、頭花の直径 6～7 mm、総苞の外面に腺質毛が密につく。花は淡紫色である。

■生息環境および危害

　温暖、日当りの良い環境を好む。耐寒性はなく、酷暑に成長がやや抑制される。過湿、窒素肥料の過多により開花不良になる。常に畑の作物に被害をもたらす。特に落花生、サトウキビ、大豆に悪影響が大きく、果樹園、ゴム園にも影響する。荒れ地、道端によく見られる。

■制御措置

　引種栽培を控える、または必要な場合は人力的に駆除する。

■生物学的特性

　一または二年生草本である。亜熱帯の南部地区では花・果期は通年である。北部では苗期3〜4月、夏、秋に成長が旺盛で、晩秋から冬にかけて枯れる。種子で繁殖する。

■中国での分布

　黒竜江省、四川省、貴州省、雲南省、山東省、江蘇省、安徽省、浙江省、福建省、広西省、広東省、海南省、台湾。

■世界での分布

　メキシコ、グアテマラとホンジュラスなどの地域の原産。現在アフリカ、アジア（南部）、ヨーロッパなどの地域に広く分布する。

■中国侵入の初記録

　1985年に出版された『中国植物志』第74巻に記載された。本種が中国に導入された150年の歴史が記録されている。

■染色体数

　$2n = 20, 40$。

231

110 ブタクサ（豚草）

Ambrosia artemisiifolia L.

科　名	キク科 Compositae
属　名	ブタクサ属 *Ambrosia*
英文名	Common Ragweed, Bitterweed, Blackweed, Hay-fever Weed
中国名（異名）	豚草，普通豚草、艾叶破布草

■形態的特徴

　草丈は20～150 cmである。茎は直立で、上部に分枝、細稜があり、荒っぽい軟毛が展開または圧着する。葉は茎の下部に対生、上部に互生し、2～3回羽状分裂で、裂片が条形である。雌雄同株であり、雄性頭状花序（頭花）が多数茎頂に総状配列されていて、総苞片は直径2～2.5 mmの皿状。雌花は約2 mmの黄色の管状花であり、花冠5裂である。雌性頭状花序（頭花）は無柄、無花被の雌花が単一で、雄性頭状花序（頭花）の下部に単生または2～3個塊状腋生する。総苞片は稍紡錘状をなし、先端尖鋭で、周囲に5～6突起（細歯）がある。痩果は倒卵形、長さ約2.5 mm、幅2 mm、褐色で光沢があり、果皮が硬く骨質、倒卵形の総苞片に包まれる。

■識別要点

　葉は茎の下部に対生、上部に互生、2～3回羽状分裂、裂片が条形（線形）である。雌雄同株、痩果は倒卵形、倒卵形の総苞片に包まれる。

■生息環境および危害

　荒地、道端、水路脇、田圃の周りまたは農耕地の中に生息する。他の作物を覆い、繁殖を抑制し、農作業を阻害、作物の生産量に影響する。花粉は人体にアレルギー症状を起こし、喘息、アレルギー性皮膚炎などが確認される。また、放出される多数の化

学物質はキク科、イネ科などの植物成長の抑制と排斥効果があり、土壌線虫、ミミズ類の抑制作用もある。

■制御措置

①物理的防止措置：苗期の人力での引抜き（草むしり）は一般的に3～5年の実施で顕著な効果が見られる。植物代替法を用いる場合、該当生育地の生長に適する低木、または多年生芝生の植物を用いて代わりに植えれば、効果は良好である。②生物防止措置：ブタクサマキガ（*Epiblema strenuana* Walk.）およびブタクサハムシ（*Ophraella communa* LeSag）を利用してブタクサを抑制する。湖南省、湖北省、江西省、江蘇省、広東省、広西省、福建省、安徽省などの地では、これらの昆虫を放出させ、ブタクサの集団密度を減らし、集団の拡大、蔓延を抑制することでブタクサの防止に効果を得る。③化学的防止措置：ベンタゾン、ホメサフェン、パラコート、グリホサート、2,4-Dブチルエステルなどの農薬を利用して、ブタクサの成長を制御する。

■生物学的特性

一年生草本である。生育期は5～6月、北部地域では5月発芽・苗期、7～8月開花、8～9月結実、毎株に2,000～8,000個の種子を生じる。上海近郊のブタクサは3月上旬が発芽・苗期に当たり、7月上旬から9月末までが開花期である。平均1株の結実は2,000～3,000個、最高12,000個に達する。草丈は50～150cm、最高250cmである。種子は土壌層の表面から9cmの深度までにおいて発芽するが、それより深いと発芽しない。最も発芽しやすいのは1～3cmの表土である。耐貧瘠地、砂礫の土壌でも正常に成長する。

■中国での分布

黒龍江省、吉林省、遼寧省、河北省、北京、内モンゴル、チベット、四川省、雲南省、山東省、河南省、安徽省、江蘇省、上海、湖北省、湖南省、江西省、福建省、広西省、広東省。

■世界での分布

北アメリカ原産、世界の各地に帰化した。

■中国侵入の初記録

1935年、杭州で発見された。

■染色体数

$2n = 36$。

111 クワモドキ（オオブタクサ）

Ambrosia trifida L.

科　名	キク科 Compositae
属　名	ブタクサ属 *Ambrosia*
英文名	Giant Ragweed
中国名（異名）	三裂叶豚草、大破布草

■形態的特徴

草丈は50～200 cmである。茎は直立し、分枝しないもしくは上部で分枝し、短く粗い毛におおわれる。下部および中部の葉は対生、葉身は卵円形からほぼ円形で、長さ6～19 cm、掌状に3～5深裂する。先端は徐々に尖るか急速に尖っており、縁に鋭鋸歯、基部は広い楔形、3行脈を出し、両面とも短く粗い伏毛におおわれる。葉柄の長さは2～9 cmである。茎上部の葉は対生または互生し、3裂から分裂しないものまであり、葉柄は短い。雄の頭状花序は枝端で総状に配列され、直径4～5 mm。総苞片は合着して浅い皿形になり、内側に20～25の雄花を持つ。花は黄色、花冠は鐘形である。雌の頭状花序は雄花序の下にあり、葉状苞葉の葉腋につく。多数の雌花序が密集して複散状をなす。雌花の総苞は紡錘形、総苞中央の周りに5～10個の小突起がある。雌しべは2個、花柱は通常2深裂である。痩果は総苞に包まれており、果皮は灰褐色から黒色である。

■識別要点

大型の草本であり、下部および中部の葉は対生し、掌状に3～5深裂する。雄の頭状花序は枝端で総状に配列され、雌の頭状花序は雄花序の下にある葉腋につく。痩果は総苞で包まれている。

■生息環境および危害

荒地、道端、水路脇、田畑周辺や農耕地内に生育する。小麦、大麦、大豆および各種園芸作物に被害を与える。作物を覆い尽くして圧迫し、農作業を阻害し、作物生産量に影響する。花粉は人体にアレルギー、喘息などの症状を引き起こし、健康被害をもたらす。根瘤菌の活動を抑制する可能性があるため、大豆の根瘤形成に影響を及ぼす。

■制御措置

厳格な管理を行い、新たな分布エリアでの出現が確認された場合は直ちに撲滅すべきである。制御措置はブタクサと同じである。

■生物学的特性

一年生草本で、種子は春に発芽する。新しい熟成の種子は5～6か月の休眠期を経て、翌春発芽する。土壌中では5℃になると種子の発芽が始まり、土壌温度20～30℃、湿度52％を上回る条件での種子の

発芽率は 70%に達する。花期は 7〜8 月、結実期は 8〜9 月である。種子で繁殖し、一株当たり 5,000 個程度の種子をつける。強い生存能力と大きな適応性を持ち、種子生産量が多く、水分と栄養物質を多く消費し、成長が旺盛である。

■**中国での分布**

黒竜江省、吉林省、遼寧省、北京、内モンゴル、河北省、山東省、湖北省、湖南省、江西省、浙江省。

■**世界での分布**

北米原産。現在は世界の大多数の地域に幅広く分布する。

■**中国侵入の初記録**

1930 年代に中国東北三省（黒竜江省、吉林省、遼寧省）に侵入した。

■**染色体数**

$2n = 36$。

112 ホウキギク

Aster subulatus Michx.

科　名	キク科 Compositae
属　名	シオン属 *Aster*
英文名	Annual Saltmarsh Aster
中国名(異名)	钻形紫菀、钻叶紫菀

■ 形態的特徴

　株は高さ25〜100 cm、無毛である。茎は直立し、筋（稜）があり、上部がやや分枝する。根出葉は倒披針形、花の後に枯れ落ちる。茎の中部の葉は線状狭披針形で、長さ6〜10 cm、幅5〜10 mm、主脈が目立ち、側脈が目立たず、無柄である。上部の葉は徐々に狭く、全縁、無毛、無柄である。頭花は多数、枝先に円錐花序になる。総苞片は鐘状、3〜4層で、外層が短く、内層が長く、線状鑿形で、縁が膜質、無毛である。舌状花は細狭く、薄ピンク色、長さが冠毛と同じまたはやや長い。管状花は多数、花冠が冠毛より短い。痩果は楕円形、長さ1.5〜2.5 mm、5本の縦筋（稜）があり、冠毛が淡褐色で

長さ3～4mmである。
■**識別要点**
葉は披針形から線状狭披針形で、頭花の直径は1cm、舌状花は細く、紅色で管状花は冠毛より短い。
■**生息環境および危害**
湿潤の土壌を好む。沼地、塩化の土壌においても生長する。常に河岸、溝、低地、道端、海岸に沿って蔓延する。農地に侵入し、綿、大豆、サツマイモ、イネなどの作物に被害をもたらす。また、浅い水の湿地に侵入、湿地の生態系統および景観に影響する。
■**制御措置**
開花の前に引き抜く。

■**生物学的特性**
一年生の草本である。9～11月に開花・結実、種子で繁殖する。株ごとに大量の痩果を生産する。痩果は冠毛があり、風によって散布される。
■**中国での分布**
北京、天津、河北省、河南省、四川省、重慶、雲南省、貴州省、湖北省、安徽省、江蘇省、浙江省、江西省、福建省、広西省、広東省、台湾。
■**世界での分布**
北米原産。世界温暖の地域に広く分布する。
■**中国侵入の初記録**
1947年湖北省武漢市武昌区で発見された。
■**染色体数**
$n = 5, 10$。

113 アメリカセンダングサ

Bidens frondosa L.

科　名	キク科 Compositae
属　名	センダングサ属 *Bidens*
英文名	Devil's Beggarticks
中国名(異名)	大狼把草、接力草、外国脱力草

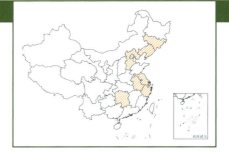

■形態的特徴

　株の高さは1.5 mに達する。茎が直立、稍四稜形である。上部に分枝が多数あり、紫色帯、幼苗期に節と節間にそれぞれ長軟毛と短軟毛がある。葉は対生、奇数羽状複葉である。小葉3〜5枚、茎の中、下部の複葉の基部の小葉が常に3裂である。小葉は披針形から楕円状披針形、長さ3〜9.5 cm、幅1〜3 cm、基部楔形かまたは傾斜する。頂端は尾状、縁辺に粗鋸歯がある。葉の裏に疎らに短軟毛が生え、頭状花序は枝の先端に単生する。総苞は半球形で、外層の葉状総苞片は7〜12枚、倒披針状線形または楕円状線形で、長さ1〜2 cmである。花序はすべて両性の筒状花で、花柱が2裂である。痩果は楔形、扁平、長さ0.5〜0.9 cm、頂端部の幅は2〜2.3 mm、ざらざらの伏毛があり、頂端に芒状刺が2本あり、長さ3〜3.5 mm、刺に逆向き刺毛がある。

■識別要点

葉は対生、奇数羽状複葉、小葉3〜5枚である。頭状花序は枝の先端に単生する。総苞は半球形で、外層の葉状総苞片は7〜12枚、明らかに花序より長い。痩果の頂端に芒状刺が2本ある。

■生息環境および危害

適応性が強く、湿潤の土壌を好む。荒地、道端に生息する。低地で水気のある場所、田圃の傍に多数生長する。水のない田圃に侵入して大量発生することがあるが、通常発生の量が少なく、被害も軽い一般的雑草である。

■制御措置

結実の前に人力で引き抜く。化学的防除によっても効果があるが、水質を汚染する危険があるので、慎重に対処することが必要である。

■生物学的特性

一年生草本である。花・果期は7〜10月である。種子で繁殖する。痩果の芒状刺に逆毛があるので、家畜の皮毛に付着して散布される。

■中国での分布

吉林省、遼寧省、北京、河北省、安徽省、江蘇省、上海、浙江省、湖南省。

■世界での分布

北米原産。現在西ヨーロッパ、ロシア、日本にも分布する。

■中国侵入の初記録

1979年に出版の『中国植物志』第75巻に記載された。

■染色体数

$2n = 48$。

114 コセンダングサ

Bidens pilosa L.

科　名	キク科 Compositae
属　名	センダングサ属 *Bidens*
英文名	Railway Beggaricks
中国名(異名)	三叶鬼针草、鬼针草

■形態的特徴

　草丈は1.2 mに達する。茎は鈍四稜形で直立し、無毛または上部に疎らに軟毛がつくこともある。葉は対生で、茎下部の葉が開花の前に枯れる。中部の葉は3出複葉、まれに5～7小葉である。小葉の縁に鋸歯がある。上部の葉は小さく、線状披針形、3裂または分裂しない。頭状花序の直径は8～9 mm、総苞片は7～8枚、線状楕円形で、基部に短軟毛がある。舌状花は白色または黄色、1～5個、たまにない。管状花は黄色、5裂、両性花で結実する。痩果は黒色、稍扁平の棒形に四稜があり、上部に剛毛がある。芒状の冠毛は3～4本で逆向きの刺がある。

■識別要点

　葉は対生、常に3出複葉でまれに5～7小葉の羽

240

状複葉がある。頭状花序は枝の先端に単生する。外層の総苞片は7〜8枚、長さが花序の長さとほぼ同じである。痩果の先端に芒状刺が3〜4本ある。中国の東南部地区に大量侵入した変種のオオバナノセンダングサ (*B. pilosa* var. *radiate* Sch. Bip.) は頭状花序の縁辺に白色の舌状花が5〜7個あり、目立つことから本種と区別できる。

■**生息環境および危害**

農地、村周辺、荒地、道端によく生息する。畑、桑、茶園および果樹園によく見られる雑草である。農産物の生産量に影響する。また、本種はワタアブラムシなどの害虫の中間宿主である。

■**制御措置**

開花期の前に人力で駆除することが最も良い。化学的防除としてホメサフェン水溶剤を用いて噴霧することも効果的である。

■**生物学的特性**

一年生草本である。発芽期は4〜5月、花・果期は8〜10月である。

■**中国での分布**

北京、チベット、四川省、重慶、貴州省、雲南省、河北省、河南省、安徽省、湖北省、湖南省、浙江省、福建省、広西省、広東省、海南省、台湾。

■**世界での分布**

南米原産。アジア、アメリカ熱帯、亜熱帯の地域に幅広く分布する。

■**中国侵入の初記録**

739年編纂された『本草拾遺』に記載されている。

■**染色体数**

$2n = 72$。

115 ヒマワリヒヨドリ

Chromolaena odorata (L.) King et Robinson
(Syn. *Eupatorium odorata* L.)

科　名	キク科 Compositae
属　名	ヒマワリヒヨドリ属 *Chromolaena*
英文名	Odor Eupatorium
中国名（異名）	飞机草、香泽兰

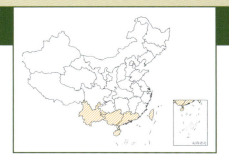

■形態的特徴

　高さ3～7mの大型の低木状の草本である。根茎が太く、横走、茎は直立、黄色い軟毛または短軟毛が密に生える。葉は対生し、三角状卵形で先が尖る。長さ4～10cm、幅1.5～5cm、鋸歯縁、3本の葉脈が明瞭で、両面に粗く軟毛または紅褐色の腺点が生え、破れると刺激的な匂いを発する。葉柄の長さは1～2cmである。上部の枝先に多数の頭花をつけ、散房または複散房花序になる。総苞は円柱状、長さ1cmである。総苞片は3～4層重なって配列する。管状花冠、淡黄色で、柱頭はピンク、痩果は黒褐色、狭線形、5稜、長さ4～5mm、冠毛は汚白色、花冠よりやや長い。

■識別要点

　分枝は水平に伸出し、黄色い軟毛または短軟毛が密に生える。葉は対生し、鋸歯縁、3本の葉脈が明瞭で三角状卵形で先が尖る。頭花は円柱状である。

■生息環境および危害

　農耕地、水路脇、道端、林縁、林内空き地または荒山、荒地などに生息する。多数種の農産物、果樹、茶樹に危害を与え、牧場に侵入する。化学物質を発し、近隣の植物成長を抑制する。草丈は1.5mmまたはそれ以上に成長すると、明らかにほかの草本植物の成長を抑制し、昆虫の拒食も引き起こす。葉は

有毒、クマリンを含み、葉が肌に擦れると赤く腫れるか泡症が発生する。若葉の誤食によって、頭痛、嘔吐、家畜と魚類に中毒を引き起こす。本種はまた斑点病の病原菌（Cercospora sp.）の中間宿主である。

■制御措置

開花前に人力的に駆除する。代替植として、マメ科植物のエノキマメ [*Flemingia macrophylla* (Willd.) Kuntze ex Merr.]、多年生の落花生とビロードキビ [*Brachiaria villosa* (Lam.) A. Camus] の仲間シグナルグラス (*Brachiaria decumbens* Stapf) とを混合して植えることで、本種を抑制し、土壌を改良し、亜熱帯牧場の牧草の乾草量を増加させ、牧草地の使用期を長くする手段が用いられる。

■生物学的特性

叢生型の多年生草本または草状低木である。花期は11月～翌年の2月、果期は1月～翌年の4月である。主に種子で繁殖、毎株生産の痩果は7.2～38.7万個に達する。種子の休眠期が短く、4～5日でも発芽する。1年のうちに草丈が165～170 mmまで成長する。側枝成長能力が強く、毎株に毎年直径25～37 cmの叢株を形成する。

■中国での分布

貴州省（西南部）、雲南省、広西省、広東省、海南省、台湾、香港、マカオ。

■世界での分布

中央アメリカ原産。現在南米、アジア、アフリカ熱帯地域に広く分布する。

■中国侵入の初記録

1934年雲南南部で発見された。

■染色体数

$2n = 60 = 46m + 14sm$。

116 アレチノギク

Conyza bonariensis (L.) Cronq.

科　名	キク科 Compositae
属　名	イズハハコ属 *Conyza*
英文名	Flax-leaf Fleabane, Asthmaweed, Hairy Horseweed
中国名（異名）	野塘蒿、香丝草

■ 形態的特徴

　草丈は 30 ～ 80 cm で、疎長毛と圧着短毛が生え、灰緑色である。茎下部の葉は柄を持ち、披針形、縁に疎らに鋸歯がある。上部の葉は無柄、線形または線状披針形、全縁またはたまに歯裂がある。頭状花序は直径約 0.8 ～ 1 cm、さらに円錐花序に集成する。総苞片は 2 ～ 3 層、線状披針形である。外縁花は白色、雌性、細管状、中央の花は両性、管状、薄黄色、頂端 5 裂である。瘦果は楕円形、冠毛は淡紅褐色、硬繊毛状である。

■ 識別要点

　植物体灰緑色で、圧着短毛と疎長毛が生える。茎生葉は線形または線状披針形、灰白色短い粗毛を持つ。総苞片の長さは 5 mm、冠毛淡紅褐色である。

■ 生息環境および危害

　各地の荒地、農地の傍、川辺、山の斜面、草地に

生息する。常に桑、茶園および果樹園に被害を与える。道路の傍、宅地周辺、荒れ地に大量発生する雑草の一種である。

■制御措置
　結実の前に人力で駆除をする。

■生物学的特性
　一年生または二年生草本である。秋、冬または翌年の春に発芽して、花・果期は5〜10月、種子で繁殖する。

■中国での分布
　北京、河北省、甘粛省、陝西省、チベット、四川省、重慶、貴州省、雲南省、河南省、湖北省、湖南省、安徽省、江蘇省、上海、江西省、浙江省、福建省、広西省、広東省、台湾、香港。

■世界での分布
　南アメリカ原産。熱帯、亜熱帯の地域に広く分布する。

■中国侵入の初記録
　ベンサム（Bentham）の1861年の記載によれば、その当時香港で本種が発見された。

■染色体数
　$2n = 54 = 46m + 8sm$。

245

117 ヒメムカシヨモギ

Conyza canadensis (L.) Cronq.

科　名	キク科 Compositae
属　名	イズハハコ属 *Conyza*
英文名	Canadian Fleabane, Horse-weed
中国名（異名）	小白酒草、加拿大飞蓬、小飞蓬、小白酒菊

■形態的特徴

　草丈は40〜120 cm、全体は緑色、直立した茎には縦筋があり、疎な長毛が生える。上部に分枝がある。茎の下部の葉は倒披針形、頂端はすぐにまたは徐々に尖る。基部は徐々に狭く柄となる。縁には疎らにまたは全体に鋸歯がある。茎の中部と上部の葉が小さく、線状披針形あるいは線形で、疎らな短毛がある。頭状花序は直径3〜4 mm、大きな円錐形の花序を作り、総包はほぼ円柱状、総苞片は2〜3層、黄緑色、線状披針形または線形、頂端は徐々に尖る。外縁の花は雌性、細筒状、長さ約3 mm、舌状花弁は白色または紫を帯びる。管状花は花序の内部にあり、長さ約2.5 mm、花冠部は4歯裂、稀に3歯裂である。瘦果は楕円形、長さ1.2〜1.5 mm。冠毛は汚白色である。

■識別要点

　全体は緑色、疎らな長硬毛が生える。葉は密集し、倒披針形から披針形、縁には疎らに鋸歯、上部に曲がった硬縁毛がある。頭状花序は小さく、直径3〜4 mmである。中国の南部に広く分布する同属の侵入種オオアレチノギク [*C. sumatrensis* (Retz.) Walker] と似ているが、茎が太く、高さ1.5 mに達

し、葉は灰緑色、葉縁の鋸歯が大きい、総苞片の直径は5〜8mm、冠毛が黄褐色などで本種と区別できる。

■**生息環境および危害**

畑地、樹園地、牧草地、路傍、荒地、河川敷などに生息する。本種の植物は多量の痩果を生産するので、痩果は風によって分散、速く蔓延する。秋の作物、果樹園、茶園に厳重な被害を与える。一般的な雑草であり、アレロパシー (allelopath) 化学物質を分泌し、近隣のほかの植物の生長を抑制する。本種はオオタバコガの中間宿主でもあり、その葉液は皮膚に刺激作用がある。

■**制御措置**

通常は苗期に人力によって引き抜く。化学的防除はクロロトルロンなどの除草剤を使用して苗期に駆除、または早春に2,4-Dを使用する。

■**生物学的特性**

一年生または二年生草本である。花・果期は5〜10月、種子で繁殖する。

■**中国での分布**

黒竜江省、吉林省、遼寧省、河北省、内モンゴル、陝西省、山西省、四川省、貴州省、雲南省、河南省、山東省、湖北省、安徽省、江蘇省、浙江省、江西省、台湾。

■**世界での分布**

北アメリカ原産。現在世界各地に広く分布する。

■**中国侵入の初記録**

1934年『北研従刊』第2巻第473頁に記載された。

■**染色体数**

$2n = 18, 36, 54$。

118 オオアレチノギク

Conyza sumatrensis (Retz.) Walker

科　名	キク科 Compositae
属　名	ブタクサ属 *Conyza*
英文名	Sumatra Fleabene, White Horsenweed
中国名（異名）	苏门白酒草、苏门白酒菊

■形態的特徴

　草丈は 80〜150 cm、全体が灰緑色である。茎は直立して縦の筋があり、灰白色の短粗毛と疎らな軟毛におおわれ、上部が分枝する。茎の下部の葉は倒披針形または披針形で、先端が尖るまたは徐々に尖る。あるいは基部が徐々に狭くなり柄になる。また縁辺の上部は疎らに短粗鋸歯を持ち、下部は全縁である。茎の中部と上部の葉はより小さく、両面特に裏面に短粗毛が密に生える。頭状花序の直径は 5〜8 mm、頂端に多分枝の円錐花序が配列される。総苞はほぼ円柱状であり、総苞片は3層、灰緑色、線状披針形または線形で、短粗毛がある。頭花の外縁

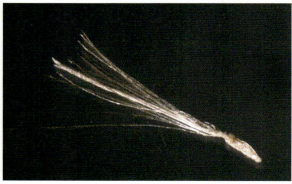

の花は多層、雌性であり、細い筒状部が長さ4mm、上部舌状花びらは淡黄色または淡紫色である。管状花は花序の中心あたりにあり、長さ約4mm、花冠部が5歯裂である。痩果は線状披針形であり、長さ1.2～1.5mm、冠毛は、はじめに白色、後に黄褐色になる。

■識別要点

植物の全体は灰緑色、茎は粗大で、高さ1.5mにまで達する。葉は密集し、葉縁の鋸歯が粗い。総苞の直径は5～8mm、冠毛は黄褐色である。

■生息環境および危害

よく山の斜面、草地、荒野、荒地、農地の傍、道端、水路の傍に生息する。本種は大量の痩果を生じるので、痩果の冠毛が風によって拡散し、迅速に蔓延する。秋収穫の食糧農作物、茶園および果樹園に厳重な被害をもたらす。よく見られる雑草の一種であり、分泌したアレロパシー (allelopath) 化学物質により近辺のほかの植物の生長を抑制する。

■制御措置

苗期に人力で引き抜く。化学的防除はヒメムカシヨモギのやり方と同じである。

■生物学的特性

一年生または二年生草本である。果花期は5～10月、種子で繁殖する。苗または種子で越冬する。

■中国での分布

チベット、四川省、重慶、雲南省、貴州省、湖北省、江西省、浙江省、福建省、広西省、広東省、海南省、台湾。

■世界での分布

南米原産。現在熱帯、亜熱帯地域に幅広く分布する。

■中国侵入の初記録

19世紀半ばに中国に侵入した。

■染色体数

$2n = 54 = 46m + 8sm$。

119 コスモス

Cosmos bipinnata Cav.

科　名	キク科 Compositae
属　名	コスモス属 *Cosmos*
英文名	Common Ragweed, Bitterweed, Blackweed, Hay-fever Weed
中国名（異名）	秋英、大波斯菊、黄芙蓉

■形態的特徴

　株は高さ1〜2m、無毛またはやや被毛である。葉は対生、2回羽状全裂し、裂片は線形で全縁である。頭状花序は茎頂に単生または多数で、散房花序に配列され、径3〜6cm、花序柄の長さは6〜18cmである。総苞片は2層、基部が癒合、外層の苞片は卵状披針形、先尖り、内層の苞片は長楕円状卵形、縁が膜質である。花序托は平坦、托片がある。頭花の縁花は舌状花で、白色〜淡紅紫色、楕円状倒卵形で先が切形、浅歯裂、長さ1.5〜2cm、不稔である。中央の管状花は黄色、稔性がある。痩果は光滑黒紫色、長さ8〜12mm、細い嘴があり、嘴の先端に2〜4本芒があり、その先に逆刺がある。

■識別要点

　葉は対生、2〜3回羽状全裂し、裂片は線形で全縁である。頭状花序は茎頂に単生または多数で、散

房花序に配列される。頭状花序の縁花は舌状花で白色〜淡紅紫色である。同じ属の花卉植物キバナコスモス（硫黄菊、*C. sulphureus* Cav.）も強い侵入性がある。葉は2回羽状深裂で、裂片は披針形または楕円形、舌状花はオレンジ黄色またはオレンジ色である。痩果に毛があって、ざらつくなどの特徴によって本種と区別する。

■生息環境および危害

栽培花卉である。よく道端、畑や渓流の傍で野生化する。森林の回復、植物の多様性に多少影響するが、顕著な被害とはならない。

■制御措置

栽培導入を控え、森林区域の栽培を避ける。

■生物学的特性

一年生草本である。花期8〜10月で、種子で繁殖する。

■中国での分布

黒竜江省、吉林省、遼寧省、河北省、北京、四川省、雲南省などの地域で野生化する。

■世界での分布

メキシコ原産。世界各地に導入栽培され、野生化する。

■中国侵入の初記録

1918年出版の『植物学大辞典』で記載された。

■染色体数

不明［メキシコ・アメリカなど、$2n = 24, 48$の報告がある］。

251

120 ベニバナボロギク

Crassocephalum crepidioides (Benth.) S. Moore

科　名	キク科 Compositae
属　名	ベニバナボロギク属 *Crassocephalum*
英文名	Hawksbeard Velvetplant
中国名（異名）	野茼蒿、革命草、安南草

■形態的特徴

　草丈は20〜100 cmである。茎は真っ直ぐに立ち、縦筋がある。葉は互生、卵形または長楕円形で、先端はやや尖り、基部は楔形である。葉の縁にはやや細かな鋸歯が疎らにあるか、または基部に羽状分裂がある。両面ほぼ無毛で、やや厚みがある。頭状花序は、疎らに分枝する茎の先端に円錐花序または散房花序が配列される。総苞は鐘状、総苞片が2層で、外層が小さく、内層は線状披針形、長さ1 cmぐらい、縁が膜質である。小花はすべて両性、管状花、ピンク色からオレンジ紅色である。痩果は円柱形、10本の縦筋がある。冠毛は白色、絹毛状である。

■識別要点

　葉は互生で、やや厚みがある。総苞片が2層で、外

層が小さく、小花はすべて両性、管状花、ピンク色からオレンジ紅色である。外形は外来種のダンドボロギク［*Erechtites hieracifolia* (L.) Raf. ex DC.］と似ているが、後者は頭花の外側2〜3層の小花が雌性であることで本種と区別できる。

■生息環境および危害

荒地、道端、林下、水路の傍に生息する。荒地によく見られる雑草であり、果樹園、野菜に被害をもたらす。よく道端、河岸に沿って蔓延し、ときどき焼け跡地、伐採の跡地にも侵入する。

■制御措置

結実の前に人力で取り除く。若葉は可食で、食感が春菊に近く、全株は家畜の飼料に使える。総合的に利用することが考えられる。

■生物学的特性

一年生草本である。花・果期は7〜11月である。種子で繁殖する。痩果は冠毛によって風に乗せて散布する。

■中国での分布

甘粛省（南部）、チベット（東南部）、四川省、重慶、雲南省、貴州省、湖北省、湖南省、浙江省、江西省、福建省、広西省、広東省、海南省、台湾、香港、マカオ。

■世界での分布

熱帯アフリカ原産。現在世界中の温暖地域に帰化、分布する。

■中国侵入の初記録

1930年代初期に中南半島から侵入、蔓延した。

■染色体数

$2n = 18$。

121 ヒメジョオン

Erigeron annuus (L.) Pers.

科　名	キク科 Compositae
属　名	ムカシヨモギ属 *Erigeron*
英文名	Daisy Fleabane
中国名(異名)	一年蓬、白顶飞蓬

■ 形態的特徴

　株は高さ30〜100cmである。茎は直立し、上部が分枝する。全体にやや粗い伏毛があり、ざらつく。根生葉は楕円形または広卵形で、長さ4〜15cm、幅1.5〜3cm、縁に粗い鋸歯があり、基部は徐々に狭く翼状柄になる。茎上の葉は互生、無柄または短い柄を持ち、楕円状披針形または披針形である。その先端は尖り、縁に少数の粗い鋸歯または全縁にある。頭花は直径1.2〜1.6cm、疎らの円錐花序または散房花序をなす。総苞は半球形、総苞片は3層で、外縁の雌花は舌状、舌状花弁は線形、白色または淡青紫色であり、中央の両性花は管状、黄色である。痩果は楕円形で、縁が翼状、冠毛が汚白色、剛毛状である。

■ 識別要点

　全体にやや粗い伏毛があり、ざらつく。頭花は直径1.2〜1.6cm、外縁の雌花は舌状、舌状花弁は線

形、白色または淡青紫色、中央の両性花は管状、黄色である。中国の東地域（華東地区）に同属の外来種植物、ハルジオン（*E. philadelphicus* L.）は根生葉が花期に枯れず、匙形、茎生葉が茎半分を抱き、頭花は蕾期に下垂または傾斜、花期に斜上し、舌状花は白色にやや薄ピンクを帯びることで本種と区別される。

■**生息環境および危害**

道端、荒野に生息する。肥沃で、日当りの良い土壌を好むが、やせた土壌においても成長できる。本種は蔓延が迅速で、発生の量が大きく、常に麦類や、果樹、茶、桑など経済作物に危害をもたらす。また、草原、牧場、圃場に侵入して被害を及ぼし、山、湿草地、広野、道端、河谷、疎林の下にも侵入し、本土の植物（在来種）を排斥する。本種は害虫のタマナヤガの宿主である。

■**制御措置**

代替の種を植える。

■**生物学的特性**

一年生または二年生の草本である。種子は早春または秋に発芽して、6〜8月に開花、8〜10月に結実、種子で繁殖する。

■**中国での分布**

黒竜江省、吉林省、遼寧省、河北省、北京、天津、山西省、内モンゴル、新疆、甘粛省、寧夏、陝西省、チベット、四川省、重慶、雲南省、貴州省、山東省、河南省、湖北省、湖南省、安徽省、江蘇省、上海、浙江省、江西省、福建省、広西省、広東省。

■**世界での分布**

北米原産。現在北半球温帯と亜熱帯地域に広く分布する。

■**中国侵入の初記録**

1886年上海近郊の山地で発見された。

■**染色体数**

$2n = 27$，$(3x)$。

122 キアレチギク

Flaveria bidentis (L.) Kuntze

科　名	キク科 Compositae
属　名	フラベリア属 *Flaveria*
英文名	Coatastal Plain Yellowtops
中国名（異名）	黄顶菊、二歯黄菊

■形態的特徴

　草丈は2mまで高くなり、茎は直立して紫色を帯び、微軟毛が生える。葉は交互対生、披針状楕円形ないし楕円形、長さ5〜12(〜18)cm、幅1〜4(〜7)cm、縁には鋸歯または刺状鋸歯、基部から分枝した3脈がある。葉柄は長さ10〜20mmである。茎上部の葉は無柄で、基部はほぼ合生である。頭花は密集してさそり形集散花序になる。総苞片は2枚の楕円形、長さ約4〜5mmの稜がある。頭花に1〜3個の花があり、縁の花の花冠が短く、長さ1〜2mm、黄白色である。舌状花花弁の長さは約1mmまたはより短い、管状花は1〜2個、花冠管の長さ約0.8mm、漏斗状である。痩果の長さは約2〜2.5mm、縁花の痩果が稍大、倒披針形またはほぼ棒

状で冠毛がない。

■識別要点

　葉は交互対生、披針状楕円形、基部から分枝した3主脈がある。頭花は密集してさそり状集散花序になる。本種の学名は再確認する必要があり、フラベリア・トリネルビア［*F. trinervia* (Sprengel) C. Mohr.］である可能性が高い。

■生息環境および危害

　生息範囲が広い。各地の河、渓流の近辺、水湿地、休耕地および街道付近、村、道路、土手の傍に生息する。礫岩または沙質の粘土でも成長する。特に休業した鉱場、海浜などの鉱物が豊富および塩分の高い環境を好む。標高0～1,900 mの範囲内に分布する。本種の根系からアレロパシー (allelopath) の化学物質を分泌し、ほかの植物の成長を抑制する。最終的にほかの植物を死滅させる。

■制御措置

　4～8月は本種の栄養成長期であり、本種を除去する最適な時期でもある。点在散布する株を早期発見し、即時に除去する。大面積に及ぶ発生地域に対しては、まずは株を刈り、根をひっくり返し、乾燥させてから焼く。いわゆる斬草除根である。化学的防除はパラコートジクロライドまたはグリホサートの除草剤を使用して本種の苗期に適時に噴霧することが、根絶に効果的である。

■生物学的特性

　一年生草本である。花・果期は夏～秋または通年である。河北滄州地区の観測数値により、本種は好光、好湿、好塩の特性を持ち、一般的に4月の上旬に発芽、4～8月に栄養成長期を迎え、成長が速く、9月中旬～下旬に開花、10月に種子が成熟する。結実量が極めて大きく、繁殖力が非常に強い。

■中国での分布

　天津、河北省、山東省、河南省。

■世界での分布

　アメリカ、西インド諸島原産。後にインド、アメリカ（ハワイ）中東地域、アフリカに拡散した。

■中国侵入の初記録

　2003年に河北省衡水と天津で標本が採集された。

■染色体数

　$2n = 36 = 24m + 8sm + 4st$，$(2x)$。

123 コゴメギク

Galinsoga parviflora Cav.

科　名	キク科 Compositae
属　名	コゴメギク属 *Galinsoga*
英文名	Smallflower Galinsoga
中国名(異名)	牛膝菊、辣子草、小米菊

■形態的特徴

　草丈は 10 〜 80 cm である。茎は単一または下部で分枝し、疎らに伏毛または腺状短柔毛がある。葉は対生、卵形または長楕円状卵形、長さ 1.5 〜 5.5 cm、幅 1 〜 3.5 cm、3 脈または不明瞭な 5 脈である。葉柄の長さは 1 〜 2 cm、上部の葉は小さく、通常披針形である。頭状花序には長い柄があり、疎らな散房花序をなす。花序柄上の毛の長さは 0.2 mm、総苞半球形または広鐘形で、径 3 〜 6 mm、舌状花は 4 〜 5 枚で、白色をし、花冠の頂端に 3 歯裂である。管状花に黄色の花冠を有し、頂端で 5 裂になる。瘦果は黒色または黒褐色、長さ 1 〜 1.5 mm、3 〜 5 稜ある。

■識別要点

　単葉対生である。頭状花序は直径 3 〜 6 mm、舌状花は 4 〜 5 枚、白色である。同属の外来種ハキダメギク［*G. quadriradiata* Ruiz et Pav. 異名：*G. ciliata* (Raf.) Blake。英文名：Shaggi-soldier］に似るが、全体に柔毛または腺状柔毛が密に生え、花序柄の毛は長さ 0.5 mm、管状花の鱗片（＝萼片）の先が尖ることで本種と区別する。

■生息環境および危害

　海岸付近から標高 368 m までの山間草地、河谷、疎林、荒野、川岸、渓流傍、田圃、道端、果樹園または住宅の近辺に生息する。防除しにくい雑草の一種である。生態環境に適応力が高く、発生量が大きい。秋収穫の作物、野菜、果樹などに重大な影響を与える。土付きの苗木に付着して散布されやすい。

■制御措置

　6～7月の中耕期に合わせて除草する。種子を形成する前に人力で引き抜く。

■生物学的特性

　一年草である。花・果期は7～10月である。種子で繁殖する。繁殖能力は極めて強い、空き地や林下にも容易に群落を形成する。

■中国での分布

　黒竜江省、吉林省、遼寧省、内モンゴル、河北省、天津、陝西省、山西、雲南省、貴州省、河南省、湖北省、湖南省、安徽省、江蘇省、浙江省、江西省、福建省、広西省、広東省、台湾。

■世界での分布

　熱帯アメリカ原産。現在世界中に広く分布する。

■中国侵入の初記録

　1915年に雲南省の寧蒗(ねいらん)と四川省の木里で標本が採集された。

■染色体数

　$2n = 16$。

124 ミカニア・ミクランサ

Mikania micrantha H. B. K.

科　名	キク科 Compositae
属　名	ミカニア属 *Mikania*
英文名	South American Climber, Mile-a-minute Weed
中国名(異名)	薇甘菊、小花假泽兰

■形態的特徴

　草本である。茎が細長く、匍匐または蔓性、多分枝である。茎の中部の葉は三角状卵形、長さ4〜10cm、幅2〜7cm、先が徐々に尖る。縁辺が浅い波状の粗い鋸歯、基部はハート形、5〜7葉脈で掌状、両面にまばらな短軟毛が花期に落ちる。葉柄長は2〜8cmである。頭状花序が多数、枝の先端に常に複散形で配列される。花序柄は繊細、苞片は線状披針形、花は白色、管状花の花冠部が鐘状、5歯裂、香りがある。長さ1.5〜2.5mmの痩果は長楕円形で、縦稜あり、稜に短軟毛を生え、冠毛灰白色または薄紅色である。

■識別要点

　蔓性草本、葉対生、三角状卵形、縁辺が浅い波状粗い鋸歯、基部は心臓形、頭状花序が多数あり、花は白色である。

■生息環境および危害

　破壊・攪乱された林地の縁、荒地、休耕農地、果樹園、またはダム、河川敷などに生息する。強い繁殖力とよじ登る能力によって、低木、高木によじ登った後、迅速に木の全体を覆うような勢いと分泌するアレロパシー (allelopath) の化学物質でほかの植物の成長を抑制する。覆われた樹木は光合成が困難になり、窒息死へと至る。高さ6〜8mの天然自生

林や、人工速成林、経済林、風景林などほとんど全種類の樹木が厳しい脅威にさらされる。国際自然保護連合（IUCN）に「世界の侵略的外来種ワースト100」の一つに挙げられている。

■制御措置

開花の前に人力的に駆除する。効果がそれほど大きくはないが、現時点で最もお勧めできる手段になる。中国国内では、天敵の昆虫と病原菌の利用といった生物学的防止策の研究が進められている。

■生物学的特性

多年生草本または藤本である。花・果期は8〜11月、有性生殖と無性生殖様式を持っている。秋、冬で20℃より低い温度下では有性生殖を行う。茎の節からも根が形成され、さらに各節の葉腋からも一対の新枝、新株を形成する。有機質が豊富で土壌が軟らかく、日光が十分な環境においては本種が容易に成長する。

■中国での分布

広東省、香港、マカオ、台湾。

■世界での分布

中米原産。現在アジア熱帯地域で、インド、マレーシア、タイ、インドネシア、ネパール、フィリピン、パプアニューギニア、ソロモン諸島、インド洋クリスマス諸島、太平洋諸島、フィジー、西サモア、オーストラリアノースクインズランドなどに幅広く分布する。

■中国侵入の初記録

1919年ごろに香港で出現、1984年に深圳（しんせん）で発見された。

■染色体数

$2n = 38 = 26m + 10sm + 2st$。

125 アメリカブクリョウサイ

***Parthenium hysterophorus* L.**

科　名	キク科 Compositae
属　名	ブクリョウサイ属 *Parthenium*
英文名	Common Parthenium, Parthenium Weed
中国名（異名）	银胶菊、满天星

■形態的特徴

草丈は 0.6 ～ 1 m である。茎は直立、多分枝で短柔毛がある。葉は互生、茎の下部と中部につく葉は卵形または楕円形で、2 回羽状深裂になり、葉柄と葉身を合わせて長さ 10 ～ 19 cm、幅 6 ～ 11 cm である。葉の表面に疎らに疣状毛がざらつき、裏面にやや密に柔毛がつく。茎の上部の葉は無柄、羽裂または指状 3 裂になる。頭状花序は多数、径 3 ～ 4 mm で、散房花序に配列される。総苞片は 2 層で、各層に 5 枚ある。舌状花は白色で 5 枚、長さ 1.3 mm、頂端 2 裂である。管状花は多数、花冠 4 裂、雄しべ 4 個、冠毛 2 個が鱗片状である。痩果は倒卵形、黒色である。

■識別要点

茎の下部と中部につく葉は 2 回羽状深裂である。頭花は小さく、散房花序に配列され、舌状花は白色で、5 個である。

■生息環境および危害

海岸付近から標高 1,500 m までの空き地、道端、河辺、荒地、農地、果樹園などに生息する。ほかの植物に対するアレロパシー (allelopath) 作用がある。農地に侵入すると農産物の減産をもたらす。人と家畜（牛）は本種の毒性の花粉を吸入することでアレルギー症状が現れ、直接に触れると、皮膚炎を引き起こされることがある。悪性雑草である。

■制御措置

開花の前に人力で引き抜く。化学的防止法としては除草剤を使用する。

■ 生物学的特性

　一年生草本である。花・果期は4～10月、種子で繁殖する。通常1～6か月後に発芽する。発芽後の30～45日で開花できる。1生活環（史）は5か月で完成する。各株は平均810個の頭花を生じる。中性からアルカリ性の土壌を好む。5 cm以下の深度では発芽できない。13時間の光周期と温暖な条件の下で開花誘導が可能である。

■ 中国での分布

　雲南省、貴州省、福建省、広西省、広東省、海南省、台湾、香港。

■ 世界での分布

　中央アメリカ（テキサス州）およびメキシコ（北部）原産。現在全世界熱帯地域に広く分布する。

■ 中国侵入の初記録

　1980年代に香港で発見され、1995年に同定された。

■ 染色体数

　$2n = 34$。

126 プラクセリス・クレマティデア

Praxelis clematidea (Crisebach) King et Robinson
(Syn. *Eupatorium catarium* Veldkamp)

科　名	キク科 Compositae
属　名	プラクセリス属 *Praxelis*（＝ヒヨドリバナ属）
英文名	Praxelis
中国名（異名）	假臭草、猫腥菊

■形態的特徴

　草丈は 0.3～1m である。全体が長い軟毛におおわれ、茎は直立、分枝が多い。葉は対生し、卵円形～菱形で腺点があり、先端は短く尖り、基部は丸く楔形、3主脈が基部から出る。葉の縁に粗い鋸歯がある。葉柄があり、長さ 0.3～2cm である。頭花は青紫、20～30 個が茎、枝の先端につき、頭花の総苞は広鐘状である。花冠の長さは 3.5～4.8mm である。痩果は長さ 2～3mm、黒色、白い冠毛がある。

■識別要点

　全体は長い軟毛におおわれ、葉は対生し、卵円形～菱形で、腺点があり、3主脈が基部から出る。頭花は青紫、総苞が広鐘状である。

■生息環境および危害

　林地や荒山、荒地、果樹園、または埋立地などに生息する。本種が生育する場所ではほかの多数の低い草本が抑制され、例として華南の果樹園中を迅速

に覆い尽くした。土壌の肥料を吸収する能力が高く、土壌の養分が多大に吸収・消耗された結果、土壌の可用性が破壊されるおそれがある。作物の成長に大きく影響することと同時に有毒悪臭の化学物質を分泌する。それによって家畜が牧草を食べることを阻害する。

■**制御措置**

種子が成熟する前に道端、荒地、果樹園にある株を駆除する。パラコートジクロライドまたはグリホサートの除草剤を使用してもよい。

■**生物学的特性**

一年生草本である。花・果期は通年である。種子で繁殖、繁殖率が極めて高い。

■**中国での分布**

福建省（アモイ）、広東省（南部）、海南省、台湾、香港、マカオなどの地域に分布している。

■**世界での分布**

南アメリカ原産。

■**中国侵入の初記録**

20世紀80年代に香港で発見、1995年に同定された。

■**染色体数**

――

127 ノボロギク

Senecio vulgaris L.

科　名	キク科 Compositae
属　名	ノボロギク属 *Senecio*
英文名	Common Groundsel
中国名（異名）	欧洲千里光

■形態的特徴

　草丈は 20〜40 cm である。主根は垂直に伸び、茎は直立して多数分枝をし、やや肉質で無毛またはクモ糸状の毛におおわれる。葉は無柄で互生し、基生の葉は倒卵状楕円形で縁に浅歯がある。茎生の葉は長さ 3〜11 cm、幅 0.5〜2 cm、楕円形で羽状浅羽裂または深裂、縁に浅歯がある。葉の基部は常に茎を半抱く。上部の葉は徐々に小さくなる。頭花は多数、茎頂または枝の先に散房花序状になし、花序柄は細長いその基部に数枚の線状苞葉がある。総苞は鐘状、総苞片は 18〜22 個、線形、先が細く尖り、縁が膜質である。頭花はすべて管状花、黄色である。管状花の縁部は漏斗状 5 裂である。痩果は円柱形で、微短毛がある。冠毛は白色である。

■識別要点

　植物体はやや肉質で、茎生の葉は楕円形で羽状浅裂または深裂、縁に浅歯がある。頭花はすべて管状花、黄色である。

■生息環境および危害

　標高 300〜2,300 m の山地、草地広野、農耕地、果樹園および道端の湿潤な土地に生息する。本種はある除草剤に抵抗性を持っていたため、アメリカ東部の果樹園に迅速に蔓延し、同時に農地にも侵入して、危害を与えた。中国では、本種は主に夏収穫の

作物（麦、アブラナ）に被害を及ぼし、果樹園、茶園と芝生、低緯度の地域の山地生態系にどんどん侵入する傾向が増加している。
■制御措置
　開花前に人力で引き抜く。
■生物学的特性
　一年草である。花・果期は 4 〜 10 月である。種子で繁殖し、繁殖力が非常に強く、拡散しやすい。
■中国での分布
　黒竜江省、吉林省、遼寧省、河北省、内モンゴル、新疆、陝西省、チベット、四川省、重慶、雲南省、貴州省、湖北省、安徽省、江蘇省、上海、浙江省、江西省、福建省、台湾、香港。
■世界での分布
　ヨーロッパ原産。現在ヨーロッパ、北米、アジア、アフリカ（北部）地域に広く分布する。
■中国侵入の初記録
　19 世紀に中国東北部に侵入した。
■染色体数
　$2n = 58$。

267

128 セイタカアワダチソウ

Solidago canadensis L.

科　名	キク科 Compositae
属　名	アキノキリンソウ属 *Solidago*
英文名	Canada Goldenrod
中国名(異名)	加拿大一枝黄花、麒麟草、黄莺、幸福草、金棒草

■形態的特徴

　草丈は0.3～1.5mになる。根茎がある。茎は直立し、全体または上部に短毛が密生してざらつく。葉は互生で、披針形または線状披針形、長さ5～10cm、縁に鋸歯あり。頭状花序は小さく、長さ4～6mm、単面着生、分枝の花序にさそり状配列され、さらに大型の円錐花序になる。頭花は狭鐘状、長さ3～5mm、総苞片は線状披針形、長さ3～4mmである。縁の舌状花は雌性、長さ3～4mm、中央黄色筒状花は両性、長さ2.5～3mm。痩果が長楕円形、縦稜が7本あり、冠毛白色である。

■識別要点

　葉は互生、披針形または線状披針形、縁に鋸歯がある。頭状花序は小さく、長さ約3mm、大型の円錐花序になり、花は黄色である。

■生息環境および危害

　各地の土手や荒れ地、道路・鉄道沿線、農地の傍、公園、農村住宅周辺に生息する。これらの地域の有害雑草であり、低山疎林、湿地の生態環境にも侵入する。大量に花粉を持つ。

■制御措置

　被害面積が小さい場合、実りの前に人力で引き抜

き、根茎部まで掘り出して燃やす。実っている株の場合、散布防止のため果序を先に切り取ってビニール袋などに入れて、株と根茎を取り除き、焼却するか深く埋める。被害面積が広い場合、春の苗期にフルロキシピルメプチルエステルの除草製剤とグリホサートを使って茎葉処理を行うと90％以上の効果がある。秋冬の時期、化学的防除と人力による駆除を併用することで、果序を先に切り取ってからグリホサートなどの除草剤で駆除し、さらに翌年春に再検査する。

■生物学的特性

　直立多年生草本である。花・果期は5〜11月である。日当りが良く、涼しい乾燥環境を好む。耐寒、耐乾。種子と根茎で繁殖する。繁殖力は驚異的で、成長が速い。

■中国での分布

　遼寧省、新疆、四川省、雲南省、河南省、湖北省、湖南省、安徽省、江蘇省、上海、浙江省、江西省、福建省、広東省、台湾。

■世界での分布

　北米東北部原産。北半球温帯で栽培、帰化する。

■中国侵入の初記録

　1935年に観賞用花卉として導入され、20世紀80年代ごろ雑草になって蔓延した。

■染色体数

　$2n = 54 = 38m + 12m + 6Bs$。

129 シマトキンソウ
Soliva anthemifolia (Juss.) R. Br.

科　名	キク科 Compositae
属　名	トキンソウ属 *Soliva*
英文名	Camomileleaf Soliva, False Soliva
中国名（異名）	裸柱菊、座地菊、假吐金菊

■形態的特徴

　茎は地面に分散して匍匐し、葉より短く、長い柔毛がつく。葉は互生、柄を持ち、長さ5〜15 cm、2〜3回羽状全裂、裂片線形で長さ5〜9 mm、幅0.3〜2 mm、長い柔毛がつく。頭花は無柄、地面近く茎頂に集合してつく。頭花はほぼ球形で、径6〜12 mm、総苞片は2層で、楕円形または披針形、縁が乾燥膜質である。縁辺の花は雌花が多数、花冠がなく、結実する。中央の管状花は両性花であり、少数で黄色であり、ときどき結実をしない。痩果は倒披針形、偏平で厚い翅がつく。先端は円鈍で、長い柔毛がつき、花柱が宿存する。

■識別要点

茎は地面に分散して匍匐し、葉より短く、長い柔毛がつく。葉は2～3回羽状全裂、裂片線形である。頭花は無柄で、地面近く茎頂に集合し、ほぼ球形である。

■生息環境および危害

荒地、畑、道端、または野菜畑、花圃、花壇に生える。夏収穫の作物（麦、アブラナ）および野菜に危害を加え、発生量が大きい区域性の悪性雑草である。栄養分を奪い合うため、農産作物の産量に影響する。

■制御措置

人力で引き抜く。除草剤を使用することでも制御の効果を得られる。普通の除草剤 2,4-D ブチルエステルまたは 2,4-D ブチルエステルとブロミン（Bromin）を混合使用すると、効果が高い。

■生物学的特性

一年生矮小草本である。花・果期は通年である。種子で繁殖する。

■中国での分布

湖南省、安徽省、江西省、福建省、広東省、海南省、台湾、香港。

■世界での分布

南アメリカ原産。オセアニア（大洋州）にも分布する。全世界の温暖地域に帰化する。

■中国侵入の初記録

1921 年香港で発見された。

130 ノゲシ

Sonchus oleraceus L.

科　名	キク科 Compositae
属　名	ノゲシ属 *Sonchus*
英文名	Common Sowthistle
中国名(異名)	苦苣菜、滇苦菜、田苦买菜、尖叶苦菜

■形態的特徴

　草丈は50〜100cmである。紡錘状根がある。茎直立、中空で、中上部疎らに腺毛がつく。葉は互生、長楕円状披針形、長さ15〜25cm、幅5〜8cmで不規則な羽状に切れ込みがあり、深裂〜全裂、裂片には不揃いの鋸歯がある。先端の裂片は広三角形で、下部の葉は翼状柄であり、柄の基部は両側が先の尖った三角状に張り出して、茎を抱く。頭花は径約2cm、花序柄と総苞には腺毛または初期にクモ糸状毛がある。総苞は鐘状または筒状、長さ1.2〜1.5cmほどで、舌状花は黄色く、長さ1.2cm、舌状花弁の長さは約0.5cmである。痩果は倒卵状楕円形、各面

に縦筋3本と筋間に横じわがある。冠毛は白色である。

■識別要点

　植物体に乳液がある。葉には不規則な羽状の切れ込み、深裂〜全裂、先端の裂片は広三角形、下部の葉に翼状柄がある。頭花はすべて黄色舌状花で、冠毛は白色である。同属の植物オニノゲシ [S. asper (L.) Hill.] は葉の裂片の縁に硬く鋭い刺があり、少し大きく荒々しい特徴で本種と区別できる。

■生息環境および危害

　山地、道端、荒野に生息する。果樹園、茶園と道端に通常に見られる雑草である。発生量が少ないので、被害も少ない。

■制御措置

　人為的散布の減少を心掛け、分布面積を控える。化学的防除と人力で抜き除く方法を兼ねるとより効果的である。

■生物学的特性

　一年または越年草である。花・果期は3〜10月、種子で繁殖する。

■中国での分布

　中国の各省全域に侵入・分布する。

■世界での分布

　ヨーロッパ原産。現在世界各地域に広く分布する。

■中国侵入の初記録

　呉其濬著『植物名実図考』（1848年刊行）に記載された。

■染色体数

　$2n = 18$。

131 フシザキソウ

Synedrella nodiflora (L.) Gaertn.

科　名	キク科 Compositae
属　名	フシザキソウ属 *Synedrella*
英文名	Nodalflower Synedrella
中国名(異名)	金腰箭、黒点旧、节节菊、万花鬼箭

■形態的特徴

　草丈は30～60cmである。茎は直立し、常に二叉状に分枝し、幼時に粗毛が貼りつくようにつく。葉は対生し、広卵状～卵状披針形で、基部が下に伸び、基部から3脈または5脈が出る。葉は縁に浅低い鋸歯があり、両面に疣状毛がざらつく。頭状花序は2～6個葉腋に簇生(ぞくせい)、稀に単生する。頭花は長さ10mm、径4～5mm、外層の総苞片は緑色、葉状、無柄または短柄である。花は黄色、外縁の花は雌性の舌状花で、舌片が短く、楕円形、頂端が浅い2裂であり、中央の管状花の花冠檐部が浅い4裂である。痩果(そう)は長さ4～5mm、雌花の痩果は楕円形、扁平、濃黒色、縁辺に翅があり、翅の縁に6～8本の硬刺がある。冠毛は2本、刺状である。両性花の痩果は倒円錐形、黒色、縦筋があり、腹面が扁平、両面に小さい疣状突起があり、冠毛は2～5本、刺状である。

■識別要点

　葉は対生し、葉の縁に不斉鋸歯があり、頭花が小さく2～6個葉腋につき、稀に単生する。外層の総苞片は緑色、葉状、無柄または短柄である。冠毛は刺状である。

274

■生息環境および危害

　低い海抜の広野、荒地、山地、農耕地、道端、家屋の傍に生息する。湿潤環境に適応し、華南、西南地域において常に見かける農地雑草である。農産物を減産させ、ゴム園や花卉園などの経済植物園に侵入することもある。

■制御措置

　人力で駆除する。

■生物学的特性

　一年生草本である。花期は6～10月である。痩果は衣服や動物の毛皮に付着して散布される。繁殖力は極めて強い。

■中国での分布

　雲南省（南部）、福建省、広西省、広東省、海南省、台湾、香港、マカオ。

■世界での分布

　熱帯アメリカ原産。現在世界の熱帯地域に広く分布する。

■中国侵入の初記録

　1934年の『国立北平研究所植物学研究所叢刊』に記載された。

■染色体数

　$2n = 40 = 6m + 30sm(3sat) + 4st$。

132 コウオウソウ

Tagetes patula L.

科　名	キク科 Compositae
属　名	コウオウソウ属 *Tagetes*
英文名	French Marigold
中国名(異名)	孔雀草、小万寿菊、紅黄草、西番菊、臭菊花、段子花

■形態的特徴

　草丈は20〜50cmである。茎はよく基部から分枝し、縦の細稜があり、紫紅色を帯びる。葉は羽状分裂、長さ5〜8cm、幅2〜4cmで、裂片は披針形で、長さ1〜2cm、幅4〜6mmである。裂片の縁と先端に鋭い歯状尖り、その基部にそれぞれ一つの油腺点があり、ときどき鋸歯の先に柔らかい芒状突起がある。頭花は単生、径3〜4cm、花序柄は長さ4〜6cm、先端が棒状でやや膨らむ。総苞は長さ1.5cm、油腺点があり、総苞片は5〜6個、先端に鈍歯がある。舌状花は数層あり、金黄色またはオレンジ色、ときどき紫紅色斑がある。管状花は黄色である。痩果は線形で、黒色、長さ約8〜10mmである。冠毛は鱗片状で、そのうち1〜2枚が長く偏平である。

■識別要点

　羽状複葉である。茎下部の葉は対生である。頭花は頂生し、花序柄の先端がやや膨らむ。花序は単層〜八重、舌状花は金黄色またはオレンジ色、ときどき紫紅色斑がある。

■生息環境および危害

　山地、道端、花壇、庭などに生息する。雲南省・貴州省・四川省などの西南地域に広大な面積に野生化した。植物多様性と森林回復に影響する。

■制御措置

　導入栽培を控え、特に西南地域の導入を慎重にする。

■生物学的特性

　一年生草本である。日当りの良いところを好むが、半陰でも成長、開花できる。温暖な環境を好むが、耐寒（早霜）、耐乾力も強い。土壌の質を特に問わない。根茎の再生力が強く、耐移植である。花・果期は7〜10月である。

■中国での分布

　四川省、雲南省、貴州省。

■世界での分布

　メキシコ原産。現在亜熱帯地域に分布する。

■中国侵入の初記録

　導入時期が不詳、1956年の『広州植物志』に記載された。

■染色体数

　$2n = 48 = 44m + 4sm,\ (4x)$。

133 ニトベギク

Tithonia diversifolia A. Gray

科　名	キク科 Compositae
属　名	ニトベギク属 *Tithonia*
英文名	Mexican Sunflower
中国名（異名）	肿柄菊、假向日葵、树菊、臭菊

■形態的特徴

植物体の高さは2～5mに達する。茎は直立、分枝があり、短軟毛がつく。葉は互生し、卵形または卵状三角形で3～5深裂であり、長い葉柄を持つ。基部から3出脈、脈に沿って毛が密につき、葉の縁辺に細鋸歯がある。頭花は直径5～15cmと大きく、やや膨らんだ総花序柄に頂生する。総苞片は4層、基部が革質である。内部の総苞片は長披針形で、先が尖らない。舌状花は1層、黄色、舌片が長卵形、先端に目立たない3歯裂がある。管状花は黄色である。痩果は長楕円形、扁平で短軟毛がある。

■識別要点

大型草本である。葉は互生、3～5深裂であり、頭花は大きく直径5～15cm、やや膨らんだ総花序柄に頂生する。

■生息環境および危害

道端や荒地に生息する。広東省、雲南省ではすでに道端の雑草として野生化し、農地周辺の群落は農業生産に直接的な被害をもたらす。株の密度の迅速な増加によって、密集形の単優勢種群落になり、ほ

かの植物の生長を抑制し、当地域の植物多様性にとって厳重な脅威となる。
■制御措置
　栽培を減らす。結実の前に人力的に駆除を行う。
■生物学的特性
　一年生から多年生草本である。花・果期は9〜11月、海南省では5月中旬に開花が始まり、6〜7月に種子が続々と成熟し、成熟期は12月までである。頭花ごとに100〜130個を結実し、痩果の千粒重約5〜6gである。主に種子で繁殖するが、再生力が強く、刈り取り耐性、耐貧、耐酸、耐旱性を有し、抗病虫力が強く、砂地、粘土地においても生長可能であるが、、耐寒、耐温性が弱い。
■中国での分布
　雲南省、浙江省、福建省、広西省、広東省、海南省、台湾、マカオ。
■世界での分布
　メキシコおよび中央アメリカ原産。現在アジア熱帯地域に広く分布する。
■中国侵入の初記録
　本種が雲南省で最も早く拡散したのは1930年代と推定される。
■染色体数
　$2n = 34 = 24 + 10\text{sm}(2\text{sat})，(2x)$。

134 フトエバラモンギク

Tragopogon dubius Scop.

科　名	キク科 Compositae
属　名	バラモンジン属 *Tragopogon*
英文名	Western Salsify
中国名（異名）	长喙婆罗门参

■形態的特徴

草丈は 30 〜 60 cm である。根は円錐形、根茎の周囲に残葉がある。茎は単一または少数分枝、細い縦筋があり、無毛または葉腋および花序の下にやや叢毛がつき、後に脱落する。基生葉は叢生、線形または披針状線形、茎の下部および中部の葉は披針形

または線形、長さ8〜20 cm、幅6〜18 mm、基部が張り出して茎を半分ほど抱く。茎の上部の葉はより短く、先端が長く徐々に尖る。頭状花序は径4〜6 cm。花序柄は長く、中空、花序の下の部分が太くなる。総苞片は2層、線状被針形、長さ4.5〜7 cm、先が長く尖る。花は淡黄色、舌状である。痩果は楕円形、長さ2〜3 cm、やや彎曲し、淡黄褐色で縦筋があり、その上に鱗片状小疣が密にあり、長い嘴を持つ。冠毛は汚白色または黄色を帯び、長さ2.5 cmである。

■識別要点

基生葉は叢生、線形または披針状線形、植物体に乳液がある。頭状花序は径4〜6 cmで大きく、やや膨らんで総花柄の先につく。

■生息環境および危害

砂質の荒地、山地に生息する。中国東北の南部地域にて野生化し、雑草になっている。在来の植物多様性にとって脅威となる。

■制御措置

結実前に人力で抜き除く。

■生物学的特性

二年草である。花期は5〜8月、果期は6〜9月である。痩果の千粒重は約8gである。種子で繁殖する。

■中国での分布

遼寧省。

■世界での分布

ヨーロッパ南部、中部および西アジア原産。現在までにカシミール、インド、北米に導入された。

■中国侵入の初記録

1950年5月遼寧省蓋県で標本が採集された。

■染色体数

$2n = 12$。

135 コトブキギク

Tridax procumbens L.

科　名	キク科 Compositae
属　名	コトブキギク属 *Tridax*
英文名	Procumbent Tridax
中国名(異名)	羽芒菊、兔草

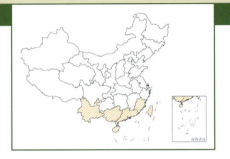

■形態的特徴

　茎は細く地上を這い、基部から疎らに分枝し、節から不定根を生じる。全体に逆剛毛があり、ざらつく。葉は対生、卵形、菱状卵形または披針形、長さ1.5～3 cm、鋭頭で不揃いな鋸歯または羽状浅裂があり、両面に疣状毛があり、ざらつく。頭花は少数、茎(枝)頂に単生、総苞は鐘状で、総苞片が2～3層あり、外層は緑色、卵形または卵状楕円形、中層は楕円形、内層は線形である。花は異形、すべて結実する。縁花は舌状、白色、雌性である。中央部の管状花は黄色、両性である。痩果は倒卵形または倒円錐形、黒色または褐色、長さ1.5～2 mm、有毛

である。冠毛は羽状、長さ8 mmである。
■識別要点
　単葉対生で、縁に不揃いな鋸歯または羽状浅裂がある。頭状花序は茎（枝）頂に単生する。縁花は舌状、白色で、冠毛は羽状、長さ8 mmである。
■生息環境および危害
　よく砂質の土壌に生息する。乾燥し、痩せた土壌に強い。酸性またはアルカリ性の土壌にも適応できる。海辺、砂地、荒地、山地、ヤシ林の下または農地傍によく見られ、一般的な雑草である。種子または地下芽で繁殖する。容易に一面に蔓延し、農作物に危害を与え、生物多様性に影響する。空き地、道端、河辺、果樹園などに生息する。
■制御措置
　畑に侵入した本種に対して、異なる時期の土をすき返すことで、その苗を殺すか、種を深く埋める、または地下芽を地表に出して枯死させるなどの方法で駆除する。また、田圃周りの雑草を除草し、灌漑の水源と腐葉有機肥料の浄化を行い、種子の混入源を減らす。化学防除の場合、ホメサフェン、グリホサート、2,4-Dなどの除草剤を使用する。
■生物学的特性
　多年生草本である。花期は11月から翌年の3月、または通年であり、種子および地下の芽で繁殖する。日当りの良いところを好み、極めて乾燥に強い。異なる種類の土壌でも成長は良好であるが、特に乾燥または湿潤な砂地で最も盛んに成長する。開花後、上部の花茎だけが枯れ、下部が成長し、大量の分枝が続き、各分枝とも開花・結実できる。
■中国での分布
　雲南省、福建省、広西省、広東省、海南省、台湾、香港、マカオ。
■世界での分布
　熱帯アメリカ原産。現在インド、中南半島各国、インドネシアおよび熱帯アメリカ地域に広く分布する。
■中国侵入の初記録
　1933年台湾で標本が採集され、1947年に海南省、広東省の南部沿海地域で発見された。
■染色体数
　$2n = 36 = 8m + 22cm(2sat) + 6st$。

136 アメリカハマグルマ

Wedelia trilobata (L.) Hitchc.

科　名	キク科 Compositae
属　名	ハマグルマ属 *Wedeli*
英文名	Trilobate Wedelia, Wedelia Yellow Dots, Creeping Daisy
中国名（異名）	三裂叶蟛蜞菊、南美蟛蜞菊

■形態的特徴

株は叢生、長さ 30 cm に達し、無毛または短柔毛がつく。茎は平に横たえ、節から根が生じて地面を覆う。葉は対生でやや厚みがあり、楕円形から披針形で、通常 3 裂、その裂片は三角形で、疎らな鋸歯を持つ。葉の先は急に尖り、基部は楔形、無毛または短柔毛が散在する。葉柄は長さ 5 mm に至らず、頭花は腋生、長い柄があり、苞片は披針形、長さ 10〜15 mm、縁毛がある。花は黄色またはオレンジ黄色、外縁の花は舌状花で、4〜8 個、頂端に 3〜4 裂歯あり、稔性あり、中央の管状花は多数、黄色である。痩果は棍棒状で角があり、約 5 mm の長さで、黒色である。

■識別要点

茎は地面に横たえられ、枝の節から根を生やす。葉は対生、通常 3 裂である。頭花は腋生、花序柄が長い。花は黄色またはオレンジ黄色である。

■生息環境および危害

主に緑地植物として栽培されるが、現在華南のある地域にて野生化が確認され、地面を覆う大群落に成長し、庭園、田圃の雑草になる。草地、湿地に侵入し、在来の植物を排除する。本種は国際自然保護

連合（IUCN）の「世界の侵略的外来種ワースト100」の一つとしてリストアップされた。

■**制御措置**

栽培区域を制限する。除草剤の噴霧は広大な面積の防除に効果が良い。地上部の制御と同時に残留した地下茎も人力で引き抜くことが望ましい。

■**生物学的特性**

熱帯の多年草で、適応性が強い。異なる土壌で生長できる。耐乾、耐湿、耐低温（4℃）の性質を持つ。平地、緩やかな坂に匍匐成長するが、崖などに垂れ下がるように成長する。枝の挿し木、または土に埋もれても、約10日で根を生やし、新しい株が成長してくる。

■**中国での分布**

福建省、広東省、海南省、台湾、香港。

■**世界での分布**

アメリカ原産。現在全世界の熱帯地域に広く帰化、分布する。

■**中国侵入の初記録**

1970年代に緑地植物として導入栽培された。

■**染色体数**

$2n = 56$。

137 ケナシオナモミ

Xanthium glabrum (DC.) Britton.

科　名	キク科 Compositae
属　名	オナモミ属 *Xanthium*
英文名	Smooth Cocklebur
中国名(異名)	平滑苍耳

■形態的特徴

　株の高さは20〜150cmである。茎が直立で、基部は木質化する。茎はよく分枝し、短線状黒色斑とざらざらした短毛を持つ。葉は単葉互生、広卵形またはほぼ円形、浅い3〜5裂、基部が心臓形または腎臓状心臓形、幅25cm、縁に不規則の鋸歯または刻みがあり、両面緑色で、長い柄があり、雌雄同株である。総苞は結実時に楕円形、長さ1.2〜1.8cm、頂端に嘴状突起が2本あり、突起の長さは4〜5mm、総苞片の鉤状刺が3〜4mm、総苞片と刺上に少々の白色短軟毛を持つ。果実はほぼ光滑である。

■識別要点

　葉は3主脈、ざらざらした短毛を持つ。総苞は結実のときに楕円形、長さ1.2〜1.8cm、径0.8〜1.2cm、総苞片と刺上に少々の白色短軟毛を持つ。同属の侵入植物（外来種）トゲオナモミ（*X.*

spinosuma L.）は南米原産、ヨーロッパ中部と南部、アジアと北アメリカに帰化、中国の遼寧省、北京、河南省、安徽省に侵入した報告があり、茎節の三叉状の刺によって本種と区別する。

■生息環境および危害

田圃、道端、荒れ地、牧場、河川岸、湿潤草地、砂場などに生息する。常に発生する地域に迅速に蔓延する。ときどきトウモロコシ、大豆などの農地に侵入し、農作物と生存空間を奪い合い、作物に被害をもたらす。

■制御措置

検疫を強化する。本種の果実を混入した作物の種子を使用せず、集中的に処分する。本種が侵入した農地において、開花期の本種植物を根まで引き抜く。2～3年の継続で完全に駆除できる。

■生物学的特性

一年生草本である。直根は地下に深く伸びる。側根の分枝は多数ある。5月に発芽し、花・果期は7～9月、10月初期から株が次々に枯死する。一年生の草本との競争は激しいが、多年生のイネ科の草本との競争力は弱い。

■中国での分布

北京、河北省、広東省。

■世界での分布

北アメリカ原産。

■中国侵入の初記録

1991年北京の昌平県（現在の昌平区）、北七家鎮馬坊橋で発見された。

■染色体数

$2n = 36$。

138 イガオナモミ
Xanthium italicum Moretti

科　名	キク科 Compositae
属　名	オナモミ属 *Xanthium*
英文名	Italian Cocklebur, Common Cocklebur
中国名（異名）	意大利苍耳

■形態的特徴

　株の高さは20～150cmである。茎は直立で太く、基部は木質化する。縦筋（稜）があり、また、多分枝をし、粗い短毛、紫色の斑点がある。葉は単葉互生、または茎下部の葉はほぼ対生である。葉身は三角状卵形ないし広卵形で、3本の主脈および3～5個の浅裂があり、長さ9～15cm、幅8～14cm、縁に不規則（不整）な鋸歯または刻みがある。葉の両面に短硬毛がつき、葉柄の長さは3～9cmである。雌雄同株である。雄性の頭花は直径約5mmで雌性頭状花序（頭花）の上方につく。雌花序が2個の花を持つ。総苞は結実時に楕円形、長さ1.9～3cm、直径1.2～1.8cm、果実の外面に特殊化した逆鉤状刺があり、刺に白色透明の剛毛と短腺毛がある。

■識別要点

　葉には粗いざらざらした短毛がつき、3本主脈を持つ。総苞は結実のとき楕円形、長さ1.9～3cm、直径1.2～1.8cm、果実の刺に白色透明の剛毛と短腺毛がある。

■生息環境および危害

　田圃、道端、荒地、牧場、海浜、河川岸、湿潤草地、砂場などに生息し、常に発生する地域に迅速に蔓延する。いったんトウモロコシ、綿、大豆などの農地に侵入し、農作物と生存空間を奪い合い、作物に被害をもたらす。8％のカバー率で60％の作物減産になる。また、成花臨界期には日照の競争でナス科植物を減産させる。その他には、果実に刺があり、羊の毛に容易に付着する一方、除去が困難である。そのために羊毛の減産が著しい。苗は有毒であり、家畜が誤食すると中毒を引き起こす。

■制御措置

　検疫を強化する。本種の果実を混入した作物の種を使用せず、集中的に処分する。本種が侵入した農地において、開花期の本種植物を根まで引き抜く。2～3年継続することにより、完全に駆除できる。化学的防除は2,4-Dベンタゾンまたはフルロキシピルメプチルエステルの除草剤を使用する。本種の4～5枚葉の時期に茎葉を処理することで防除の効果が良好になる。しかし、化学試薬を使う場合、当地域の生態環境と河川水系の汚染に十分な配慮を払う必要がある。

■生物学的特性

　一年生草本である。直根は地下1.3mまで深く伸びる。側根には分枝が多い。5月8日前後に発芽し、7月頃開花する。8～9月に果実（種子）が成熟し、9月末に株が次々に枯死する。生育期は約145日、1株の結実数は150～2,000個である。一年生の草本との競争は激しいが、多年生のイネ科の草本との競争力は弱い。夜間温度が35℃を超えると、花芽の形成が著しく抑制される。pH5.2～8の土壌に耐性があり、長期の塩化、水害の環境にも耐える。

■中国での分布

　遼寧省（大連）、北京、河北省、山東省、広東省。

■世界での分布

　北アメリカ、ヨーロッパの南部地域が原産。カナダ（南部）、アメリカ、メキシコ、オーストラリア、地中海、ウクライナの地域に幅広く分布する。

■中国侵入の初記録

　1991年北京の昌平県（現在の昌平区）、北七家鎮馬坊橋で発見された。

■染色体数

　$2n = 36$。

139 ヒメヒャクニチソウ

Zinnia peruviana (L.) L.

科　名	キク科 Compositae
属　名	ヒャクニチソウ属 *Zinnia*
英文名	Peruvian Zinnia
中国名(異名)	多花百日菊、五色梅、山菊花

■形態的特徴

　草丈は50～70cmである。茎は直立、上部に二叉状分枝し、ざらつく粗毛または長柔毛がある。葉は披針形または狭披針形で、基部から3脈、長さ2.5～6cm、幅0.5～1.7cm、基部が茎を抱く。頭花は枝先につき、径2.5～3.8cm、花序の柄は膨らんで中空、長さ2～6cm、総苞は鐘状である。総苞片は多数層で、楕円形、縁がやや膜質である。舌状花は雌花であり、オレンジ色、紫紅色または赤色、舌状花弁は楕円形、全縁または先端で2～3歯裂になる。管状花は両性花であり、紅黄色、長さ約5mm、花冠の先端が5裂、その裂片が楕円形、密な絨毛におおわれる。舌状花（雌花）の痩果は狭楔形、長さ約10mm、幅2mm、極めて扁平で3稜あり、密に被毛する。管状花（両性花）の痩果は楕円形、長さ約8.5～10mm、幅2mm、極めて扁平で、1～2枚芒状刺がある。

■識別要点

　葉は対生、全縁、無柄である。頭花は枝先につき、径2.5～3.8cm、花序の柄は膨らんで中空である。舌状花はオレンジ黄色、紫紅色または紅色である。

■生息環境および危害

　山地、草地、川辺、道端など標高1,230mまでの地域に生息する。大量発生することで当地の植物群落の構成に影響する。

■制御措置

　注意深く監視する。本種の集団成長が加速していることが見られたら、当地の生物多様性の脅威となる前に、人力で抜き除く。

■生物学的特性

　一年生草本である。花期は6～10月、果期は7～11月、種子で繁殖する。日当りの良いところを好む。

■中国での分布
　河北省、河南省、陝西省、甘粛省、四川省、雲南省。
■世界での分布
　メキシコ原産。

■中国侵入の初記録
　1964年に出版の『北京植物志』に記載された。
■染色体数
　$2n = 24$，$(2x)$。

140 マツバゼリ

Apium leptophyllum (Pers.) F. J. Muell. ex Benth.

科　名	セリ科 Apiaceae (Umbelliferae)
属　名	オランダミツバ属 *Apium*
英文名	Villous Chervil, Slender Celery
中国名（異名）	细叶旱芹、细叶芹

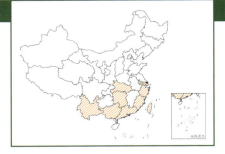

■形態的特徴

　草丈は30〜60cmである。茎は多数分枝し、全体は無毛である。葉は根生で三角卵形、基部は拡大して膜質の葉鞘になり、長さ2〜10cm、幅2〜8cm、3〜4回羽状分裂し、最終回裂片は線形から糸状になり、幅0.5〜1mmである。茎生葉は通常3出羽状分裂である。複散形花序は頂生または側生し、総花序柄はないまたは短く、総苞片を持っていない。花弁は5個卵円形で白色または緑白色であり、雄しべは5個である。果実はハート状卵球形、分果には丸みのある五つの稜がある。花柱は短い。

■識別要点

　植物体をもみ潰すとセリの匂いがする。葉は3〜4回羽状分裂し、最終回裂片が幅0.5〜1mmである。複散形花序であり、五弁の花は白色、子房は下位である。分果は卵円形で五つの稜がある。

■生息環境および危害

　田圃、荒地、芝生または道端に生息する。本種は農地によく見かける雑草の一つである。小麦、トウモロコシ、大豆、綿などの畑によく生長し、作物の正常な成長に影響する。また、多種類の病原菌、害虫の宿主と伝染源にもなる。種子はよく輸入種子に混入され、特にセリ、人参の種子と一緒に散布、拡散される。

■制御措置

　本種の種子は極めて細小であり、種子を埋める深さは種子の発芽力に大きく影響する。作物の種撒き前に農地、畑を深く耕すことが苗の発生量を抑制するのに有効である。ていねいな耕地の管理と中間除草も本種の危害を防ぐための主要な方法である。化学的防止の手段としては、アトラジンとトリアジン系除草剤（Bladex）を使用する。

■生物学的特性
　一年生草本である。適応性が強い。よくほかの雑草と混生する。花期は4～5月、果期は6～7月である。種子で繁殖する。
■中国での分布
　雲南省、湖北省、湖南省、江蘇省（南部）、上海、浙江省、福建省、広東省、広西省、台湾、香港。

■世界での分布
　カリブ海とドミニカ島原産。現在日本、マレーシア、インドネシア、オセアニアおよびアメリカ大陸などの地域に広く分布する。
■中国侵入の初記録
　20世紀初頭に香港で発見された。
■染色体数
　$2n = 22$。

141 ノラニンジン

***Daucus carota* L.**

科　名	セリ科 Apiaceae (Umbelliferae)
属　名	ニンジン属 *Daucus*
英文名	Queen Anne's Lace, Wild Carrot
中国名（異名）	野胡蘿卜、鶴蝨草

■形態的特徴

草丈は 15 ～ 120 cm である。茎は単生で、逆さまの粗毛が生える。葉は根生で薄膜質、楕円形、2 ～ 3 回羽状分裂、最終裂片は線形から披針形、幅 0.8 ～ 4 mm であり、先端は鋭尖、滑らかまたはざらつく毛がある。葉柄は長さ 3 ～ 12 cm、基部が鞘状である。根生葉はほぼ無柄である。花序は複散形で、花序の柄が長さ 10 ～ 55 cm、逆さまの粗毛が生える。総苞片は多数、葉状、羽状分裂であり、小苞片は線形である。散形花序は多数で、長さ 2 ～ 7.5 cm である。実るときに外側の散形花序は内側に曲がる。花は白色、5 弁、子房が下位である。分果は円卵形で稜の上に刺毛がある。

■識別要点

草本である。もみ潰すと人参の匂いがする。葉は 2 ～ 3 回羽状分裂をし、裂片の幅は 0.8 ～ 4 mm である。複散形花序に白色の花が咲き、花は 5 弁、下位子房がある。分果は円卵形、稜の上に刺毛がある。

■生息環境および危害

田圃の傍、道端、人工水路の傍、荒地、農地または低木叢に生息する。野菜畑、草地、麦畑に侵入し、よく見られる雑草の一つである。果実はよく栽培ニンジン（*D. carota* subsp. *sativus*）の果実に混入して散布される。一部地域の農地に大きく被害を与え

る。野外では化学的アレロパシー (allelopath) によって、ほかの野生植物の生長に影響する。

■制御措置

多数発生する農田または地域において合理的作物の輪作を行う。田圃の管理と中期除草を強化することは被害の減少に有効である。また、化学的防除はメトリブジンなどの除草剤を利用する。

■生物学的特性

二年生草本である。湿潤を好み、比較的耐干燥である。果樹園、茶園、夏、秋の作物の畑によく見られる。花期は5〜7月である。種子で繁殖する。

■中国での分布

全国に分布する。

■世界での分布

ヨーロッパ原産。現在世界各地に広く分布する。

■中国侵入の初記録

明朝初期の『救荒本草』に初めて記載された。本種は人参畑の擬態雑草であり、元朝の時代にニンジンが引種されたときに持ち込まれたと考えられる。

■染色体数

$2n = 16$。

295

142 オオバコエンドロ

Eryngium foetidum L.

科　名	セリ科 Apiaceae (Umbelliferae)
属　名	ヒゴタイサイコ属 *Eryngium*
英文名	Foetid Eryngo
中国名(異名)	刺芹、刺芫荽、野芫荽

■形態的特徴

　草丈は 10 ～ 30 cm で、全株が無毛の草本である。主根は円錐形である。葉は根生で、倒披針形または楕円状披針形であり、長さ 5 ～ 20 cm、幅 1 ～ 3 cm、縁には鋸歯があり、鋸歯の先端に硬刺がつく。葉柄は鞘状で広く扁平である。花序柄は長さ 10 ～ 60 cm、3 ～ 5 回二叉状分裂し、多数個の頭状花序から複散形花序になり、2 回分岐をする。頭状花序は卵形または楕円形である。葉状の総苞片は 5 ～ 6 個で、展開また反りかえり、硬刺があり、小苞片は細い。花は極小で白色または淡緑色である。球形の分果も極小、褐色である。

■識別要点

特殊な香りがあり、葉は根生し、縁には硬刺がつく。複散形花序は3～5回二叉状分岐し、多数個の頭状花序からなる。総苞片は葉状で硬刺がある。

■生息環境および危害

芝生、水路脇、竹林、林縁、道端、田圃に生息し、果樹園と農地によく見かける雑草である。化学的アレロパシー (allelopath) によって、ほかの野生植物の生長に影響する。

■制御措置

本種の種子は極めて小さく、風に飛ばされ散布されやすいので、自然生態系農地に侵入した株を開花の前に取り除き、種子が農田に飛散と侵入することを防ぐ。本種は一部地域で野菜として栽培されているが、栽培を控え、蔓延を防止する必要がある。化学的防止はパラコートジクロライドなどの除草剤を使用する。

■生物学的特性

一年生または多年生草本である。耐熱性で、温かく湿潤、肥沃な環境を好む。日陰、湿潤な山地環境に旺盛に成長する。花・果期は夏、秋である。種子で繁殖する。

■中国での分布

貴州省、雲南省、広東省、広西省、海南省、香港。

■世界での分布

熱帯アメリカ原産。現在世界の熱帯地域に広く分布する。

■中国侵入の初記録

19世紀末にインドシナ半島から侵入し、1897年に雲南省思茅で標本が採集された。

■染色体数

$n = 8$。

付録：形態形質による142種侵入植物の分類検索表

1. 水生植物
  2. 沈水または浮水植物
    3. 沈水植物、葉は糸状深裂する。 ……………………………14 ハゴロモモ *Cabomba caroliniana* Gray
  3. 浮水植物
    4. 葉は倒卵形、心臓形または腎臓形、葉柄は膨らんで瓢箪形の気嚢になる。 ………………………
      ……………………………………………20 ホテイアオイ *Eichhornia crassipes* (Mart.) Solms
    4. 葉は倒卵状楔形、無柄、杯状に配列される。 ………………18 ボタンウキクサ *Pistia stratiotes* L.
  2. 立水または沢生（沼生）植物
    5. 葉は対生、楕円状から卵形または倒卵状披針形、淡水環境に生える。 ………………………
      ……………………………56 ナガエツルノゲイトウ *Alternanthera philoxeroides* (Mart.) Griseb.
    5. 葉は互生、葉身と葉鞘があり、両者の間に葉舌がある。沿海環境に生息する。
      6. 葉舌の長さは 1 ～ 1.8 mm、小穂は長さ 10 ～ 18 mm、穎片は無毛または
        中肋に疎らな短柔毛が生える。 …52 スパルティナ・アルテニフロラ *Spartina alterniflora* Loisel
      6. 葉舌の長さは 1.8 ～ 3 mm、小穂は長さ 15 ～ 26 mm、穎片に張りつける短柔毛は散在する。 ……
        …………………………………54 スパルティナ・アングリカ *Spartina anglica* C. E. Hubb.
1. 陸生植物
  7. 茎は直立できず、横たわり、匍匐し、蔓状に絡みまたは寄り登る。
  8. 植物体はほかの物体に絡みまたは寄り登る。
    9. 植物は巻き鬚がある。
      10. 葉は不規則な波状または三つの浅裂がある。花は単生、花冠は白色または淡紫色である。
        …………………………………………118 クサトケイソウ *Passiflora foetida* L.
      10. 葉は深裂で、裂片は三角形、花は常に対になり、花冠は欠如している。 ………………………
        …………………………………120 スズメノトケイソウ *Passiflora suberosa* L.
    9. 植物は巻き鬚がない。
      11. 葉は対生、縁に粗い鋸歯がある。 ……260 ミカニア・ミクランサ *Mikania micrantha* H. B. K.
      11. 葉は互生。
        12. 葉鞘は肉質で、花被は単層で、径約 5 mm。 ……………………………………………
          …………………………82 アカザカズラ *Anredera cordifolia* (Tenore) Steenis
        12. 葉は草質で花は萼と花冠がある。花冠は漏斗状で、径 4 cm 以上である。
          13. 葉は全縁、萼は楕円形で先端が急に尖る。 …………………………………………
            …………………………206 マルバアサガオ *Ipomoea purpurea* (L.) Roth
          13. 葉は 3 裂または 5 裂する。
            14. 葉は中部まで 3 裂し、萼片は狭披針形、先端が徐々に尖り、外面に毛がある。 …………
              …………………………204 アサガオ *Ipomoea nil* (L.) Roth
            14. 葉は基部まで 5 裂、萼片は不揃い、外側の 2 個が短く、無毛。 ………………………
              …………………………202 モミジヒルガオ *Ipomoea cairica* (L.) Sweet
  8. 植物体は横たわりまたは匍匐状である。

15. 植物体は匍匐状半低木である。葉は互生、縁に歯または鋸歯がある。花は黄色である。 …………
…………………………………………… 172 コバンバノキ *Waltheria indica* L.
15. 植物体は横たわりまたは匍匐状草本である。葉は対生。
16. 植物は白色の乳液がある。葉身の中央に紫の斑紋があり、縁に細かい鋸歯がある。 …………
………………………………………… 112 コニシキソウ *Euphorbia maculata* L.
16. 植物体に乳液がない。
17. 葉は単葉である。
18. 葉は全縁である。
19. 茎に貼り伏せの白色の硬毛がある。頭状花序で、外測の2枚の花被は開花後に鋭刺に
なる。 ……………………… 58 マルバツルノゲイトウ *Alternanthera pungens* H. B. K.
19. 茎に疎らに1列の短柔毛が生える。二分岐の集散花序、花弁が欠如している。 …………
………………………………… 92 ムベンハコベ *Stellaria apetala* Ucria ex Roem.
18. 葉は通常3裂、頭状花序は腋生する。 ……
………………………… 284 アメリカハマグルマ *Wedelia trilobata* (L.) Hitchc.
17. 葉は2～3回羽状全裂で、裂片は線形、頭状花序は地面に這う茎の先端につく。 …………
………………………… 270 シマトキンソウ *Soliva anthemifolia.* (Juss.) R. Br.
7. 茎は直立または斜めに上昇する。
20. 直立草本または亜低木状草本。
21. 植物体には白色の乳液がある。
22. 花は黄色い。頭状花序は全部舌状花からなる。
23. 葉は全縁である。頭状花序は大きく、径4～6 cm。 …………………………
………………………… 280 フトエバラモンギク *Tragopogon dubius* Scop.
23. 葉は羽状深裂または大頭羽状深裂で、頭状花序の径は約2 cm である。 …………
……………………………………… 272 ノゲシ *Sonchus oleraceus* L
22. 花は目立たない。杯状集散花序であり、総苞に腺体が1～4個ある。
24. 葉は互生。
25. 花序基部の苞葉は部分的紅色になる。総苞上の腺体の開口部は狭円形。 …………………
………………………… 104 ショウジョウソウ *Euphorbia cyathophora* Murr.
25. 花序基部の苞葉は部分的白色または緑色になる。総苞上の腺体の開口部は円形。 ………
………………… 108 ショウジョウソウモドキ *Euphorbia heterophylla* L.
24. 葉は対生。
26. 葉柄の長さは3～20 mm、総苞に腺体が1個ある。蒴果は無毛。 …………………
………………………… 106 コバノショウジョウソウ *Euphorbia dentata* Michx.
26. 葉柄の長さは1～2 mm、総苞に腺体が4個ある。
27. 葉は披針状楕円形、長楕円形または卵状披針形。蒴果は短柔毛が生える。 …………
……………………………………… 110 シマニシキソウ *Euphorbia hirta* L.
27. 葉は楕円状披針形または鎌状披針形。蒴果は無毛。 …………………
………………………… 114 オオニシキソウ *Euphorbia nutans* Lag.
21. 植物体には乳液がない。
28. 葉は根生。
29. 葉は単葉。
30. 葉の縁に鋸歯があり、鋸歯の先端に硬い刺がある。複散（傘）形花序。 …………………
………………………… 296 オオバコエンドロ *Eryngium foetidum* L.
30. 葉の縁にほぼ全縁または疎らに小鋸歯があり、鋸歯の先端に硬い刺がない。穂状花序である。

299

31. 葉は線状披針形から楕円状披針形。穂状花序は密生する。前の一対萼片は先端の近く
まで合生する。 …………………………… 186 ヘラオオバコ *Plantago lanceolata* L.

31. 葉は倒卵形から倒披針形である。穂状花序は下部に途切れ、萼片は分離している。 ……
……………………………………………… 188 ツボミオオバコ *Plantago virginica* L.

29. 葉は掌状 3 出複葉。小葉は倒心臓形。 ………… 102 ムラサキカタバミ *Oxalis corymbosa* DC.

28. 葉は互生または対生。

32. 葉は互生。

33. 植物体は藁状で、稈は円形で、葉は葉身と葉鞘からなる。葉身に平行脈。

34. 花序軸に顕著な分枝がなく、穂状花序、総状花序、穂状円錐花序になる。

35. 小穂は多数不稔の小枝からなる球形の刺苞に包まれる。

36. 小穂は 2 ～ 6 個で、刺苞上の剛毛は顕著な逆粗毛があり、刺苞の裂片は
1/3 または中部のやや下部に連結し、刺苞の総柄に短毛が密生する。 ……………
………………………………………… 32 シンクリノイガ *Cenchrus echinatus* L.

36. 小穂は 1 ～ 2 個で、刺苞上の剛毛は不明瞭な逆毛があり、刺苞の裂片は中部または
2/3 以下の場所に連結し、刺苞の総柄は光滑で無毛。 ……………………………
……………………………… 34 コウベクリノイガ *Cenchrus incertus* M. A. Curtis

35. 小穂は球形の苞に包まれていない。

37. 穂の節ごとに 1 個の小穂がつく。

38. 小穂の背腹面は穂軸に向き合う。側生の小穂に外頴片がない。

39. 一年生：小穂は 4 ～ 6 個の小花からなる。内頴は長さ 1cm ほどの芒が
ある。 …………………………………… 40 ドクムギ *Lolium temulentum* L.

39. 多年生：小穂は 7 ～ 15 個の小花からなる。内頴には芒がない。 …………
……………………………………………… 38 ホソムギ *Lolium perenne* L.

38. 小穂の側面は穂軸に向き合う。側生の小穂に外頴片がある。小穂は円柱形で、
穂軸の節間に密着してつき、熟すと節ごとに脱落する。 ……………………
…………………………………… 22 タルホコムギ *Aegilops tauschii* Coss

37. 穂の節ごとに 3 個の小穂をつき、両側の小穂は短柄を持つ。頴片は細長く柔軟で長さ
4.5 ～ 6.5 mm。 …………………………… 36 ホソノゲムギ *Hordeum jubatum* L.

34. 花序の軸ははっきり分岐する。分枝は指状、総状または円錐状花序になる。

40. 花序軸の分枝は指状に配列される。

41. 総状花序は 2 個で対生し、叉状開出：小穂は瓦状に二行配列される。 ……………
…………………………… 46 オガサワラスズメノヒエ *Paspalum conjugatum* Bergius

41. 総状花序は 5 個で指状に配列、最上の 2 個は対になってつく。 ……………
……………………………… 26 ツルメヒシバ *Axonopus compressus* (Swartz) Beauv.

40. 花序軸の分枝は総状または円錐状配列する。

42. 葉鞘に疣状の毛がある。10 ～ 15 個の総状花序は常に主軸の片側に円錐花序になる。…
………………………………… 28 パラグラス *Brachiaria mutica* (Forsk.) Stapf

42. 葉鞘に疣状の毛がない。円錐花序は開展する。穂軸の分枝状に小穂が散在する。

43. 稈は中実し、対になる小穂のうち、無柄の小穂は稔性があり、有柄の小穂は稔性が
ない。 ………………………… 50 セイバンモロコシ *Sorghum halepense* (L.) Pers.

43. 稈は中空。

44. 小穂は長さ 5 mm を超えない。小花が 2 個ある

45. 小穂は卵状披針形、ほぼ無柄で長さ 3.5 ～ 4mm、片側に配列される。部分の
小穂の下に 1 本長さ 5 ～ 15 mm の剛毛がある。 ………………………
……………………………………………… 48 ササキビ *Setaria palmifolia* L.

45. 小穂は柄を持ち、長さ 3 mm 以上。

46. 小穂は左右から扁平で、長さ約 5 mm、ピンク色、糸状の長毛がある。 ………………………… 42 ホクチガヤ（ルービガセ）*Melinis repens* (Willd.) Zizka

46. 小穂は楕円形、長さ約 3 mm、無毛、第 2 小花は平滑、光沢。 …………………………………………………………… 44 ハイキビ *Panicum repens* L.

44. 小穂は通常 20 mm を超える。2 〜多数の小花がある。

47. 小穂は長さ 18 〜 25 mm、2 〜 3 個の小花がつき、その柄が彎曲して下垂し、先端が膨らむ。 …………………………… 24 カラスムギ *Avena fatua* L.

47. 小穂は長さ 20 〜 30 mm、6 〜 12 個の小花がつく。 …………………………………………………… 30 イヌムギ *Bromus catharticus* Vahl.

33. 植物は藁状ではない。葉柄はありまたはない、葉脈は網状脈。

48. 葉は複葉または羽状全裂および複数回羽状裂。

49. 葉柄の基部は膨らんで葉鞘になる。花は萼も花冠もあり、複散形花序になる。

50. 葉は 3 〜 4 回羽状分裂、最終の裂片は幅 0.5 〜 1 mm、分果の稜に刺状毛はない。 …………………… 292 マツバゼリ *Apium leptophyllum* (Pers.) F. J. Muell. ex Benth.

50. 葉は 2 〜 3 回羽状分裂、最終の裂片は幅 0.8 〜 4 mm、分果の稜に刺状毛がある。 …………………………………… 294 ノラニンジン *Daucus carota* L.

49. 葉柄の基部は膨らんで葉鞘になることがない。複散形花序にならない。

51. 葉は 1 〜 2 回羽状複葉または 3 出複葉、果実は莢果。

52. 葉は 1 〜 2 回羽状複葉、亜低木状草本。

53. 2 回の偶数羽状複葉、花は多数で球形頭状花序になる。

54. 羽片は 4 〜 8 対、雄しべは 8 個。 …………………… 134 ブラジルミモザ *Mimosa diplotricha* C. Wright ex Sauvalle

54. 羽片は 2 対、雄しべは 4 個。 …………………………… 136 オジギソウ（ネムリグサ）*Mimosa pudica* L.

53. 偶数羽状複葉。

55. 小葉は 20 〜 50 対、長さ 3 〜 4 mm、莢果は鎌形で扁平。 …………………………… 124 カワラケツメイ *Cassia mimosoides* L.

55. 小葉は 3 対、長さ 1.5 〜 6.5 cm、腺体が 3 個ある。莢果はほぼ四稜状柱形。 …………………… 138 ホソミエビスグサ *Senna tora* (L.) Roxb.

52. 葉は 3 出複葉。

56. 羽状 3 出複葉、総状花序。

57. 花は青紫、莢果は螺旋状に巻き曲がる。 …………………… 128 ムラサキウマゴヤシ *Medicago sativa* L.

57. 花は白色、莢果は卵状球形。 ………………………… 130 シロバナシナガワハギ *Melilotus albus* Medic. ex Desr.

56. 掌状 3 出複葉。頭状花序。

58. 花冠は淡紫紅色または紫色。 ……… 140 ムラサキツメクサ *Trifolium pratense* L.

58. 花冠は白色、稀に淡紅色。 …………… 142 シロツメクサ *Trifolium repens* L.

51. 葉は 1 〜 2 回羽状全裂または深裂。

59. 茎の下部または中部の葉は 2 回羽状深裂。頭状花序は散房状花序に配列される。 …………………… 262 アメリカブクリョウサイ *Parthenium hysterophorus* L.

59. 葉は 1 〜 2 回羽状全裂。総状花序。 ……………… 162 カラクサナズナ *Coronopus didymus* (L.) J. E. Smith

48. 葉は単葉。

付録：形態形質による142種侵入植物の分類検索表

60. 葉は盾状着生。 ‥‥‥‥‥‥‥‥‥‥‥‥‥‥‥ 116 トウゴマ *Ricinus communis* L.
60. 葉は盾状着生ではない。
　61. 葉は全縁、波状または鋸歯ある。
　　62. 葉は全縁または波状、または偶に少数の鋸歯がある。
　　　63. 花被は明瞭に萼と花弁に分化された。
　　　　64. 花は単生、花冠は鐘状、淡黄色。宿存する萼は果実のときに膀胱状に増大して、
　　　　　完全に液果を包む。 ‥‥‥‥‥‥ 214 シマホウズキ *Physalis peruviana* L.
　　　　64. 複数の花は花序になる。
　　　　　65. 頭状花序、径約 1 cm、舌状花は細小、紅色、管状花は冠毛より短い。
　　　　　　葉は披針形から線状披針形。 ‥‥‥ 236 ホウキギク *Aster subulatus* Michx.
　　　　　65. 集散花序または円錐花序。
　　　　　　66. 円錐花序。分岐の枝にさらに二分岐する。花弁は 5 個、植物体は無毛。‥
　　　　　　　‥‥‥‥‥ 100 シュッコンハゼラン *Talinum paniculatum* (Jacq.) Gaertn.
　　　　　　66. 螺旋状集散花序。花冠は筒状、植物体が硬毛を持つ。 ‥‥‥‥‥‥‥‥
　　　　　　　‥‥‥‥‥‥‥‥‥‥‥‥‥ 174 ヒレハリソウ *Symphytum officinale* L.
　　　63. 無花冠、または萼が花弁状、または無花被。
　　　　67. 無花被、穂状花序は枝の先端につく。茎は半透明、葉は肉質。 ‥‥‥‥‥‥
　　　　　‥‥‥‥‥‥‥‥‥‥ 16 イシガキコショウ *Peperomia pellucida* (L.) Kunth
　　　　67. 花は単花被、目立たないまたは萼が花弁状。
　　　　　68. 花被片は 5 個、白色または淡紅色。果実は扁球形で多液、熟すと紫黒色。
　　　　　　　　　　　　　　　　98 ヨウシュヤマゴボウ *Phytolacca americana* L.
　　　　　68. 花被片は 2 〜 5 個、緑色または紫紅色、膜質。胞果は蓋裂または不規則開裂。
　　　　　　69. 葉腋に刺が 2 枚。苞片は常に 2 枚の鋭刺に変形。 ‥‥‥‥‥‥‥‥‥
　　　　　　　‥‥‥‥‥‥‥‥‥‥‥‥‥‥ 70 ハリビユ *Amaranthus spinosus* L.
　　　　　　69. 葉腋に刺がない。苞片は鋭刺に変形されない。
　　　　　　　70. 植物体は柔毛が密生する。 ‥‥‥‥‥‥‥‥‥‥‥‥‥‥‥
　　　　　　　　‥‥‥‥‥‥‥‥‥‥ 68 アオゲイトウ *Amaranthus retroflexus* L.
　　　　　　　70. 植物体は無毛またはほぼ無毛。
　　　　　　　　71. 雌花の花被片は下部の 1/3 が融合して筒状になり、葉の表面中央部に
　　　　　　　　　よく 1 本白色の斑帯がある。 ‥‥‥‥‥‥‥‥‥‥‥‥‥‥‥
　　　　　　　　　‥‥66 アマランサス・ポリゴノイデス *Amaranthus polygonoides* L.
　　　　　　　71. 花被片は分離する。
　　　　　　　　72. 花被片は 5 個、雄しべは 5 個。
　　　　　　　　　73. 花は単性または雑性、穂状花序は極めて密集する。 ‥‥‥‥‥
　　　　　　　　　　‥‥‥‥‥‥‥ 64 スギモリゲイトウ *Amaranthus paniculatus* L.
　　　　　　　　　73. 雌雄異株、穂状花序は果実期に密集しない。 ‥‥‥‥‥‥‥
　　　　　　　　　　‥‥ 62 オオホナガアオゲイトウ *Amaranthus palmeri* S. Watson
　　　　　　　　72. 花被片は 3 個、雄しべは 3 個。
　　　　　　　　　74. 葉身は緑、紫または黄色。穂状花序は下垂。花序の径は
　　　　　　　　　　5 〜 15 mm、多数の花が密生、胞果は横開裂。 ‥‥‥‥‥‥
　　　　　　　　　　‥‥‥‥‥‥‥‥‥‥‥72 ハゲイトウ *Amaranthus tricolor* L.
　　　　　　　　　74. 葉身は緑色、穂状花序は直立、花序は細い、花が少数。胞果は
　　　　　　　　　　横開裂。

75. 茎は常に直立、分枝が少ない。花序は頂生または茎上部の葉腋につく。胞果は皺がある。 ……………………………………………………………………… 74 ホナガイヌビユ *Amaranthus viridis* L.

75. 茎は常に匍匐して斜上し、基部から枝が分かれ、花序は基部の葉腋から茎頂までつく。胞果はほぼ平滑。 ……………………………………………………………………… 60 イヌビユ *Amaranthus lividus* L.

62. 葉は縁に鋸歯があるまたは少なくとも根生葉にはっきりする鋸歯がある。

76. 花被は明らかに萼と花弁に分化する。

77. 花は多数、頭状、穂状花序になる。

78. 頭状花序の外に総苞片がある。

79. 花は白色、淡黄色または淡紫色。

80. 植物体は緑色、疎い長硬毛が生える。頭状花序は小さく、径 3 〜 4 mm。 ……………246 ヒメムカシヨモギ *Conyza canadensis* (L.) Cronq.

80. 植物体は灰緑色、短毛が貼りつきまたは疎らな長毛が生える。頭状花序の径は 5 〜 8 mm。

81. 茎は細い。高さ 30 〜 50 cm、茎葉は全縁または疎らな鋸歯があり、総苞片は長さ約 5 mm。冠毛は淡紅褐色。 ……………………………………244 アレチノギク *Conyza bonariensis* (L.) Cronq.

81. 茎は粗大、高さは 1.5 m に達する。葉縁には粗い鋸歯があり、総苞の形は 5 〜 8 mm、冠毛は黄褐色。 ………………………248 オオアレチノギク *Conyza sumatrensis* (Retz.) Walker

79. 花は黄色、頭状花序から大型円錐花序になる。 ……………………………………268 セイタカアワダチソウ *Solidago canadensis* L.

78. 穂状花序。花弁は 4 個、長さ 3 mm を超えない。子房下位。 ……………………………………154 イヌヤマモモソウ *Gaura parviflora* Dougl.

77. 花は葉腋に単生。

82. 子房下位。雄しべは 8 個、蒴果は円柱形。 ……………………………………………………………156 メマツヨイグサ *Oenothera biennis* L.

82. 子房上位。雄しべは多数で、単体雄しべに連結、果実は分果になる。

83. 葉身は丸い心臓形。副萼がない。分果の先端に 2 本長芒。 ……………………………………166 イチビ *Abutilon theophrasti* Medic.

83. 葉身は卵状披針形または卵形。副萼が 3 個、分果の背部に 2 本芒刺。 ……………170 エノキアオイ *Malvastrum coromandelianum* (L.) Garcke

76. 花は単花被、花冠がない。全体に強烈な匂い。葉の裏面に黄色腺点がある。 …………78 アリタソウ *Dysphania ambrosioides* (L.) Mosyakin et Clemants

61. 葉は羽状または掌状分裂。

84. 葉は羽状浅裂または深裂、少なくとも根生葉はそうなる。

85. 花被は明らかに萼と花弁に分化する。

86. 離弁花。花粉は紅色から紫紅色。雄しべは 8 個、蒴果は棒状で、4 本縦翅を持つ。 ……………………………………158 ユウゲショウ *Oenothera rosea* L'Hér. ex Aiton

86. 合弁花。雄しべは 5 個。

87. 頭状花序に総苞がある。合葯雄しべまたは合糸雄しべ。

88. 花序は単性、雌雄同株、雌性頭状花序の総苞は合生で多数の鉤状刺がある。

89. 結実のときに総苞の径は 1.2 〜 1.8 mm。果実上の刺に白色で透明な剛毛と短腺毛がある。 ………288 イガオナモミ *Xanthium italicum* Moretti

89. 結実のときに総苞の径は 1.2 〜 1.8 mm。総苞と刺に少々白色短柔毛が
　　ある。　………286 ケナシオナモミ *Xanthium glabrum* (DC.) Britton.
88. 花序は両性、冠毛がある。
90. 花序の外輪の雌花は舌状、舌状線形、白色または淡青紫色。中央の
　　両性花は管状、黄色。…254 ヒメジョオン *Erigeron annuus* (L.) Pers.
90. 頭状花序はすべて両性の管状花。
91. 花は紅色または朱赤色。………………………………………
　…252 ベニバナボロギク *Crassocephalum crepidioides* (Benth.) S. Moore
91. 花は黄色 ………………………266 ノボロギク *Senecio vulgaris* L.
87. 総状花序、集散花序または花単生。雄しべは分離する。
92. 総状花序。花弁は 4 個で離生。雄しべは 6 個。
93. 花弁は白色、短角果はほぼ円形。………………………………
　………………………164 マメグンバイナズナ *Lepidium virginicum* L.
93. 花弁は黄色、長角果は長さ 1 〜 2 cm。…………………………
　………………160 ナガミノハラガラシ *Brassica kaber* (DC.) L. Wheeler
92. 集散花序または花単生、花弁 5 個合生。雄しべは 5 個
94. 集散花序は腋外につく。植物体に刺がある。
95. 花は黄色。液果は刺と星状毛のある宿存性の萼に包まれる。………
　………………………222 トマトダマシ *Solanum rostratum* Dunal.
95. 花弁は白色、少なくとも花冠の縁が白色。液果は露出する。
96. 熟した果実は淡黄色。…………………………………………
　………………216 キンギンナスビ *Solanum aculeatissimum* Jacq.
96. 熟した果実は朱色。………………………………………
　…………218 キンギンナスビ（赤い実）*Solanum capsicoides* All.
94. 花は単生。植物体に刺がない。
97. 花冠は漏斗状、蒴果は卵状球形。
98. 花冠の長さは 6 〜 10 cm、蒴果の表面に硬い針状刺が生える。……
　…210 シロバナヨウシュチョウセンアサガオ *Datura stramonium* L.
98. 花冠の長さは 14 〜 17 cm、蒴果に疣状突起または短刺が生える。…
　………………………208 チョウセンアサガオ *Datura metel* L.
97. 花冠は広鐘状。果実のときに萼が増大し、液果を完全に包む。……
　………………212 オオセンナリ *Nicandra physaloides* (L.) Gaertn.
85. 花は単花被。葉は広卵形から卵状三角形、縁に波状浅裂または鋸歯がある。
　　果皮の表面に 4 〜 6 個の六角形の網紋がある。……………………
　………………………76 ウスバアカザ *Chenopodium hybridum* L.
84. 葉は掌状分裂。
99. 葉は掌状 3 〜 5 裂。頭状花序は大きく、径 5 〜 15 cm。…………
　………………278 ニトベギク *Tithonia diversifolia* A. Gray
99. 葉は掌状 3 〜 5 深裂から全裂。花は葉腋に単生、径 2 〜 3 cm。…
　…………………………168 ギンセンカ *Hibiscus trionum* L.
32. 葉は対生または輪生、少なくとも茎の下部の葉は対生。
100. 葉は複葉または全裂。
101. 3 出複葉または羽状複葉。
102. 頭状花序の外層の総苞片は 7 〜 8 枚、花序と等長。痩果の先端に芒刺が 3 〜 4 本ある。
　…………………………………240 コセンダングサ *Bidens pilosa* L.

102. 頭状花序の外層の総苞片は 7 〜 12 枚、葉状で花序より長い。痩果の先端に芒刺が 2 本ある。 ……………………………………… 238 アメリカセンダングサ *Bidens frondosa* L.

101. 葉は全裂または 2 〜 3 回羽状分裂。

103. 葉は羽状全裂または 2 〜 3 回羽状分裂。

104. 葉は羽状全裂。花序柄の上部が膨らむ。花は単弁または八重、舌状花は金黄色または柑黄色で紫紅斑点を帯びる。 ……………… 276 コウオウソウ *Tagetes patula* L.

104. 葉は 2 〜 3 回羽状分裂または全裂。

105. 頭状花序は単性、花は目立たない。痩果は倒卵形で、完全に倒卵形の総苞に包まれる。 ………………………… 232 ブタクサ（豚草）*Ambrosia artemisiifolia* L.

105. 頭状花序は単生またはさらに散形花序になる。花序の縁花は舌状花、紫紅色、薄紅色または白色、中央の花は黄色、両性である。 …………………………………………… 250 コスモス *Cosmos bipinnata* Cav.

103. 葉は掌状全裂。花は雌雄異株。 ……………………… 146 アサ *Cannabis sativa* L.

100. 単葉。

106. 葉は全縁または鋸歯がある。

107. 葉は全縁。

108. 頭状花序または 1 〜数個花が簇生。

109. 頭状花序。

110. 葉は無柄で 3 出脈：頭状花序、径 2.5 〜 3.8 cm、柑黄色、紫紅色または紅色。 ……………………… 290 ヒメヒャクニチソウ *Zinnia peruviana* (L.) L.

110. 葉は葉柄があり、羽状脈。

111. 茎に白色長柔毛がある。花序は銀白色、花被片は花後に硬くなる。 ………… ……………………… 80 センニチノゲイトウ *Gomphrena celosioides* Mart.

111. 茎に白色長柔毛がない。花序は銀白色にならない。基部に 1 〜 2 対の葉状苞片がある。 ……………… 176 ハシカグサモドキ *Richardia scabra* L.

109. 花は 1 〜数個簇生。

112. 花は托葉鞘に数個簇生、無花柄、萼縁に 4 裂する。熟した蒴果は先端から縦裂する。 ………………… 178 ヒロハフタバムグラ *Spermacoce latifolia* Aublet

112. 花は 1 〜数個簇生、萼状総苞がある。花被は高盃状、檐部の径は約 2.5 cm、果実の表面に稜および皺紋がある。 ………… 96 オシロイバナ *Mirabilis jalapa* L.

108. 二分岐集散花序または葉腋に単生の花がさらに葉のある総状花序になる。

113. 二分岐集散花序。

114. 萼片は 5 個、葉状で、萼筒より長い。花柱 5 個。 ………………………… ……88 ムギセンノウ（アグロステンマ、ムギナデシコ）*Agrostemma githago* L.

114. 萼片は 5 個、葉状ではない、萼筒よりかなり短い。花柱 2 個。

115. 萼筒に多数縦脈、花弁に付属物がある。 ……………………………… …………………………… 90 サボンソウ *Saponaria officinalis* L.

115. 萼筒に 5 本の縦脈と 5 稜がある。花後に萼の基部が膨らむ。 ………… …… 94 ドウカンソウ（オウフルギョウ）*Vaccaria segetalis* (Neck.) Garcke

113. 葉腋に単生の花がさらに葉のある総状花序になる。花弁 6 個。 ………… ……………………… 152 ネバリミソハギ *Cuphea balsamona* Cham. et Schlecht.

107. すべて、または一部の葉に鋸歯がある。

116. 花は多数密集して頭状花序になる。

117. 頭状花序は総苞を持つ。

118. 頭状花序はすべて管状花。

119. 冠毛は毛状、多数、分離する。
120. 亜低木状草本。茎は紫紅色、枝と葉の両面に短腺毛がある。冠毛は落ちやすい。
…………………………………………………226 マルバフジバカマ
Ageratina adenophora (Sprengel) King et Robinson
120. 多年生草本または亜低木状草本。枝と葉の両面に柔毛と腺点がある。
冠毛は落ちにくい。
121. 分枝は水平に展開、黄色絨毛または短柔毛が密生する。頭状花序は円柱形。
……242 ヒマワリヒヨドリ *Chromolaena odorata* (L.) King et Robinson
121. 分枝は斜上し、全体が長柔毛におおわれ、頭状花序は鐘形。…………
……………………………………264 プラクセリス・クレマティデア
Praxelis clematidea (Crisebach) King et Robinson
119. 冠毛は膜状、下部が広く、上部が細長い。
122. 葉の基部は円鈍または広楔形。総苞の外面は無毛、全縁ではない。………
…………………………………228 カッコウアザミ *Ageratum conyzoides* L.
122. 葉の基部は心臓形または切形。総苞は背部に粘質の毛が密生し、全縁である。
…………230 ムラサキカッコウアザミ *Ageratum houstonianum* Miller.
118. 頭状花序は管状花と舌状花もある。
123. 舌状花は 4 〜 5 個、舌（状花）弁は白色、管状花は黄色。冠毛は膜状。……
……………………………………258 コゴメギク *Galinsoga parviflora* Cav.
123. 管状花と舌状花も黄色。
124. 葉は広卵形から卵状披針形。頭状花序は 2 〜 6 個で葉腋に簇生、稀に単生、
冠毛は硬刺状。………274 フシザキソウ *Synedrella nodiflora* (L.) Gaertn.
124. 葉は披針状楕円形〜楕円形。頭状花序が密集するさそり状集散花序になる。
無冠毛。……………………256 キアレチギク *Flaveria bidentis* (L.) Kuntze
117. 頭状花序は総苞を持たない。長さ 0.5 〜 1.6 mm の柄を持つ球形の頭状花序が腋生
する。茎は 4 稜。……………182 ナントウイガニガクサ *Hyptis brevipes* Poit.
116. 花は苞腋に単生、または 2 〜 5 個花の集散花序は腋生、または穂状花序。
125. 花は単一または対になって腋生。
126. 花は葉腋に単生、青紫色、蒴果は倒扁心臓形。
127. 花柄は明らかに苞葉より長い。……………………………………
………………………………194 オオイヌノフグリ *Veronica persica* M. Pop.
127. 花柄の長さは苞葉より超えない。
128. 茎に長柔毛が 2 列を密生する。花柄の長さは 2 mm を超えない。………
…………………………………192 タチイヌノフグリ *Veronica arvensis* L.
128. 茎に多少柔毛がある。花柄の長さは約 5 〜 10 mm。
………………………………196 イヌノフグリ *Veronica polita* Pries
126. 花は単一または対になって腋生。白色、喉部に毛が密生する。蒴果は球形、葉は
対生または輪生。…………… 190 セイタカカナビキソウ *Scoparia dulcis* L.
125. 花は 2 〜 5 個集散花序になって腋生、または頂生の穂状花序になる。
129. 大型草本、高さ 1 m に達する。花冠は青紫色。
130. 集散花序は腋生。…………784 ニオイニガクサ *Hyptis suaveolens* (L.) Poit.
130. 穂状花序は頂生。花は花序軸の凹みに半ば嵌ってつく。………………
…………………200 フトボナガボソウ *Stachytarpheta jamaicensis* (L.) Vahl.
129. 小型草本、高さ 5 〜 15 cm。花は極小、花弁がない。…………………
………………148 コゴメミズ（コメバコケミズ）*Pilea microphylla* (L.) Liebm.

106. 葉は羽状または掌状分裂、少なくとも一部の葉は浅裂。

  131. 葉は掌状分裂。

    132. 葉は掌状 3 ～ 5 深裂、上部の葉は互生、頭状花序は単生、痩果は総苞片に包まれる。
                    ·························· 234 クワモドキ（オオブタクサ）*Ambrosia trifida* L.

    132. 葉は掌状 5 ～ 7 深裂、各裂片はさらに 3 ～ 5 浅裂。通常総花柄が数個茎頂に集合
      して散形花序になる。花はピンク色から薄ピンク。蒴果は長い喙を持つ。 ··········
                    ·························· 150 アメリカフウロ *Geranium carolinianum* L.

  131. 葉縁には不揃いな深鋸歯または羽状浅裂。頭状花序は茎、枝の先端に単生し、縁花は白
    色。羽状冠毛。 ······························· 282 コトブキギク *Tridax procumbens* L.

20. 低木または小高木。

  133. 葉は退化した。

    134. 非多肉質低木。簇生する葉柄は鋭い刺状、小枝の先端は尖刺になる。 ························
                    ···························· 144 ハリエニシダ *Ulex europaeus* L.

    134. 多肉質低木。

      135. 分枝は淡緑色から灰緑色。刺座はクッション状で、刺がないまたは 1 ～ 6 本展開する白色の
        刺がある。柱頭は 6 ～ 10 個、液果の両側にそれぞれ 25 ～ 35 個刺座がある。 ············
                    ···························· 86 ウチワサボテン *Opuntia ficus-indica* (L.) Mill.

      135. 分枝は緑色から青緑色。各刺座には 3 ～ 10 個刺があり、刺は太い鑿形で黄色、
        淡褐色の横紋がある。柱頭は 5 個、液果の両側にそれぞれ鑿形刺を持つ刺座が
        5 ～ 10 個ある。 ················ 84 センニンサボテン *Opuntia dillenii* (Ker-Gawl.) Haw.

  133. 葉は通常の葉。

    136. 2 回偶数羽状複葉。

      137. 小枝に刺または托葉刺がある。

        138. 小枝に鉤刺がある。花は白色、雄しべは 8 個、莢果は帯状。 ························
                    ···················· 132 キダチミモザ *Mimosa bimucronata* (DC.) Kuntze

        138. 小枝に托葉刺がある。花は黄色、雄しべは多数、莢果は円柱形。 ·····················
                    ···················· 122 キンゴウカン *Acacia farnesiana* (L.) Willd.

      137. 枝に刺はない。花は白色、雄しべは 10 個、莢果は扁平帯状。 ························
                ·············126 ギンネム（ギンゴウカン）*Leucaena leucocephala* (Lam.) de Wit.

    136. 単葉。

      139. 葉は単葉互生。

        140. 小枝は疎らに広扁な皮刺が生じる。葉の縁には 5 ～ 7 個浅裂または波状。集散式円錐花序
          は腋外につく。熟した果実は黄色。 ········ 224 スズメナスビ *Solanum torvum* Swartz.

        140. 小枝に刺がない。葉は全縁またはやや波状。複散形花序はほぼ頂生で一平面上に揃う。
          熟した果実は黄褐色。 ··············220 ヤンバルナスビ *Solanum erianthum* D. Don

      139. 葉は単葉対生。

        141. 茎、枝上常に鉤状刺がある。葉の縁には鈍鋸歯があり、花は頭状に密集する。花冠は黄色
          または濃い紅色になる。 ················ 198 ランタナ（シチヘンゲ）*Lantana camara* L.

        141. 茎、枝上常に刺がない。葉は全縁、花冠は唇形、白色で紫色の筋を帯びる。 ············
                  ·····················180 アドハトダ・バシカ *Adhatoda vasica* Nees

翻訳者あとがき

　本書は中国外来侵入植物142種を収録した「生物入侵：中国外来入侵植物図鑑」を日本語版に翻訳したものである。翻訳に当たって、図鑑としての植物形態と生物学的特徴や染色体情報などを詳細かつ正確に記すように努めており、多様な形態学的描写や記述のための専門用語については「最新植物用語辞典」（下郡山正巳、廣川書店、1982年）を参照している。外来侵入種の監視・防御をなすための総合的情報、各種の分布、生息環境、被害の状況、制御措置、農薬の名称、侵入ルートの記録などの出典の確認に念を押し、可能な限り原著者と検討したうえで、原著の添削、訂正などを行った。

　植物科の配列は、被子植物分類体系 APG Ⅲ に従い（目次）、科以下の分類群は学名（属名、種小名）のアルファベット順に変え、原著のページ順番を変更し、再編集した。異なる分野の方々が参考とし、利用することを想定して、科名、属名、和名、学名、英名、中国名・異名などを併記し、和名は基本的に「新牧野日本植物図鑑」（牧野富太郎、北隆館、2008年）、「植物分類表」（大場秀章、アポック社、2009年）によっている。和名のない場合、学名の発音に忠実となるように作成した。付録に「形態形質による142種侵入植物の分類検索表」、「学名の索引」を備えており、日本の読者のため、原著の「中国語名索引」の拼音（ぴんいん）順を描き順に変更し、50音順の「和名の索引」を追加した。

　中国の分布地域は、特別な県、村、山の名称、特別指定政令市（北京、天津、上海、重慶）を除いて、基本的に省の名称を示す。自治区等行政区域の名称は慣用の名称（新疆ウィグル自治区＝新疆；西蔵自治区＝チベット；内蒙古自治区＝内モンゴル；寧夏回族自治区＝寧夏；広西壮族自治区＝広西省；香港特別行政区＝香港；澳門特別行政区 ＝マカオ）とした。

　本書の翻訳に際して、有益な助言と貴重な参考資料をいただいた東京大学大学院理学研究科・邑田仁教授、ご協力をいただいた島根大学生物資源科学部生物科学科の皆さんに心から感謝を申し上げたい。また、本書の企画・編集においては科学出版社東京の方々、特に細井克臣、柳文子両氏に大変お世話になった。心からお礼を申し上げる。最後に、本書の翻訳が完成するまで多面にわたって支えてくれた家族に感謝を捧げる。

林　蘇娟・林　元寧

2015.11.15.

主要参考文献

日本語版

岩瀬徹 大野啓一 2008『写真で見る植物用語』全国農村教育協会
大橋広好 邑田仁 岩槻邦夫 2008『新牧野日本植物図鑑』北隆館
大場秀章 2009『植物分類表』アボック社
国立環境研究所侵入生物データベース https://www.nies.go.jp/biodiversity/invasive/index.html
下郡山正巳 下村孟 田中信徳 原寛 久内清孝 門司正三 1982『最新植物用語辞典』廣川書店

中国語版

車晋滇 2010『中国外来雑草原色図鑑』化学工業出版社
陳恒彬 2005「厦門地区的有害外来植物」亜熱帯植物科学 34(1):50～55
丁炳揚 干明堅 金孝鋒等 2003「水盾草在中国的分布特点和入侵途径」生物多様性 11(3):223～230
高賢明 唐廷貴 梁宇等 2004「外来植物黄頂菊的入侵警報及防控対策」生物多様性 21(2):274～279
何春光 王虹揚 盛連喜等 2004「吉林省外来物種入侵特征的初歩研究」生態環境 13(2):197～199
李揚漢 1995『中国雑草誌』中国農業出版社
李振宇 解焱 2002『中国的外来入侵種』中国林業出版社 1～211
劉紅衛 林志凌 蘇華軻等 2004「広東省外来物種入侵現状及其生態環境影響調査」生態環境 13(2):399～404
彭少麟 向言詞 1999「植物外来種入侵及其対生態系統的影響」生態学報 (4):13～15
齊淑艶 徐文鐸 2006「遼寧外来入侵植物種類其製与分布特征的研究」遼寧林業科技 (3):11～15
邵志芳 趙厚本 邱少松等 2006「深圳市主要外来入侵植物調査及治理状況」生態環境 15(3):587～593
万方浩 鄭小波 郭建英 2005『重要農林外来入侵物種的生物学与控制』科学出版社
王忠 董世勇 羅艷艶 2008「広州外来入侵植物」熱帯亜熱帯植物学報 16(1):29～38
呉世捷 高力行 2002「不受歓迎的生物多様性:香港的外来植物物種」生物多様性 10(1):109～118
謝雲珍 王玉兵 譚偉福等 2007「広西外来入侵植物」熱帯亜熱帯植物学報 15(2):160～167
徐海根 強勝 2004『中国外来入侵植物種編目』中国環境科学出版社 49～258
閻小玲 馬金双 2011「中国外来入侵植物的学名考証」植物分類与資源学報 33(1):132～142
産岳鴻 邢福武 黄向旭等 2004「深圳的外来植物」広西植物 24(3):232～238
中国科学院中国植物誌編集委員会 1959～2004『中国植物誌』(第 2 巻～第 80 巻)科学出版社
朱世新覃海寧 2005「中国菊科植物外来種概述」広西植物 25(1):69～76
朱湘雲 杜玉芬 2002「中国豆科植物外来種之研究」植物研究 22(2):139～150

植物和名索引

ア行

アオゲイトウ······68
アカザカズラ······82
アサ······146
アサガオ······204
アドハトダ・バシカ······180
アマランサス・ポリゴノイデス······66
アメリカセンダングサ······238
アメリカハマグルマ······284
アメリカフウロ······150
アメリカブクリョウサイ······262
アリタソウ······78
アレチノギク······244
イガオナモミ······288
イシガキコショウ······16
イチビ······166
イヌノフグリ······196
イヌビユ······60
イヌムギ······30
イヌヤマモモソウ······154
ウスバアカザ······76
ウチワサボテン······86
エノキアオイ······170
オオアレチノギク······248
オオイヌノフグリ······194
オオセンナリ······212
オオニシキソウ······114
オオバコエンドロ······296
オオホナガアオゲイトウ······62
オガサワラスズメノヒエ······46
オジギソウ（ネムリグサ）······136
オシロイバナ······96

カ行

カッコウアザミ······228
カラクサナズナ······162
カラスムギ······24
カワラケツメイ······124
キアレチギク······256

キダチミモザ······132
キンギンナスビ······216
キンギンナスビ（赤い実）······218
キンゴウカン······122
ギンセンカ······168
ギンネム（ギンゴウカン）······126
クサトケイソウ······118
クワモドキ（オオブタクサ）······234
ケナシオナモミ······286
コウオウソウ······276
コウベクリノイガ······34
コゴメギク······258
コゴメミズ（コメバコケミズ）······148
コスモス······250
コセンダングサ······240
コトブキギク······282
コニシキソウ······112
コバノショウジョウソウ······106
コバンバノキ······172

サ行

ササキビ······48
サボンソウ······90
シマトキンソウ······270
シマニシキソウ······110
シマホウズキ······214
シュッコンハゼラン······100
ショウジョウソウ······104
ショウジョウソウモドキ······108
シロツメクサ······142
シロバナシナガワハギ······130
シロバナヨウシュチョウセンアサガオ······210
シンクリノイガ······32
スギモリゲイトウ······64
スズメナスビ······224
スズメノトケイソウ······120
スパルティナ・アルテニフロラ······52
スパルティナ・アングリカ······54
セイタカアワダチソウ······268
セイタカカナビキソウ······190

セイバンモロコシ	50	フシザキソウ	274
センニチノゲイトウ	80	ブタクサ（豚草）	232
センニンサボテン	84	フトエバラモンギク	280
		フトボナガボソウ	200

タ行

		プラクセリス・クレマティデア	264
タチイヌノフグリ	192	ブラジルミモザ	134
タルホコムギ	22	ベニバナボロギク	252
チョウセンアサガオ	208	ヘラオオバコ	186
ツボミオオバコ	188	ホウキギク	236
ツルメヒシバ	26	ホクチガヤ（ルービガセ）	42
ドウカンソウ（オウフルギョウ）	94	ホソノゲムギ	36
トウゴマ	116	ホソミエビスグサ	138
ドクムギ	40	ホソムギ	38
トマトダマシ	222	ボタンウキクサ	18
		ホテイアオイ	20

ナ行

		ホナガイヌビユ	74
ナガエツルノゲイトウ	56		

マ行

ナガミノハラガラシ	160		
ナントウイガニガクサ	182	マツバゼリ	292
ニオイニガクサ	184	マメグンバイナズナ	164
ニトベギク	278	マルバアサガオ	206
ネバリミソハギ	152	マルバツルノゲイトウ	58
ノゲシ	272	マルバフジバカマ	226
ノボロギク	266	ミカニア・ミクランサ	260
ノラニンジン	294	ムギセンノウ（アグロステンマ、ムギナデシコ）	88

ハ行

		ムベンハコベ	92
ハイキビ	44	ムラサキウマゴヤシ	128
ハゲイトウ	72	ムラサキカタバミ	102
ハゴロモモ（フサジュンサイ）	14	ムラサキカッコウアザミ	230
ハシカグサモドキ	176	ムラサキツメクサ	140
パラグラス	28	メマツヨイグサ	156
ハリエニシダ	144	モミジヒルガオ	202
ハリビユ	70		

ヤ行

ヒマワリヒヨドリ	242		
ヒメジョオン	254	ヤンバルナスビ	220
ヒメヒャクニチソウ	290	ユウゲショウ	158
ヒメムカシヨモギ	246	ヨウシュヤマゴボウ	98
ヒレハリソウ	174		

ラ行

ヒロハフタバムグラ	178	ランタナ（シチヘンゲ）	198

311

植物中国語名索引

*日本の読者向けにピンイン順ではなくて、画数順とした。

1画
一年蓬 · 254

3画
三叶鬼针草 · · · · · · · · · · · · · · · · · · · 240
三裂叶豚草 · · · · · · · · · · · · · · · · · · · 234
三裂叶蟛蜞菊 · · · · · · · · · · · · · · · · · 284
三角叶西番莲 · · · · · · · · · · · · · · · · · 120
土人参 · 100
土荆芥 · 78
大麻 · 146
大米草 · · · · · · · · · · · · · · · · · · · 52、54
大地锦 · 114
大藻 · 18
大狼把草 · 238
小叶冷水花 · · · · · · · · · · · · · · · · · · · 148
小花山桃草 · · · · · · · · · · · · · · · · · · · 154
小白酒草 · 246
山香 · 184

4画
王不留行 · 94
五爪金龙 · 202
互花米草 · 52
无瓣繁缕 · 92
马缨丹 · 198
飞机草 · 242
飞扬草 · 110
巴西含羞草 · · · · · · · · · · · · · · · · · · · 134
巴拉草 · 28
少花蒺藜草 · 34
反枝苋 · 68
牛茄子 · 218
牛膝菊 · 258
长芒苋 · 62
长叶车前 · 186
长喙婆罗门参 · · · · · · · · · · · · · · · · · 280
凤眼蓝 · 20
孔雀草 · 276

水茄 · 224
水盾草 · 14
月见草 · 156

5画
节节麦 · 22
平滑苍耳 · 286
龙珠果 · 118
加拿大一枝黄花 · · · · · · · · · · · · · · · 268
北美车前 · 188
北美独行菜 · · · · · · · · · · · · · · · · · · · 164
白车轴草 · 142
白苞猩猩草 · · · · · · · · · · · · · · · · · · · 108
白香草木樨 · · · · · · · · · · · · · · · · · · · 130
仙人掌 · · · · · · · · · · · · · · · · · · · 84、86
田芥菜 · 160

6画
决明 · 138
芒麦草 · 36
地毯草 · 26
灯笼果 · 214
羽芒菊 · 282
合被苋 · 66
多花百日菊 · · · · · · · · · · · · · · · · · · · 290
杂配藜 · 76
红车轴草 · 140
红花月见草 · · · · · · · · · · · · · · · · · · · 158
红花酢浆草 · · · · · · · · · · · · · · · · · · · 102
红毛草 · 42
光荚含羞草 · · · · · · · · · · · · · · · · · · · 132

7画
麦仙翁 · 88
苋 · 72
苏门白酒草 · · · · · · · · · · · · · · · · · · · 248
两耳草 · 46
凹头苋 · 60
含羞草 · 136
含羞草决明 · · · · · · · · · · · · · · · · · · · 124

8画

空心莲子草	56
苘麻	166
直立婆婆纳	192
刺苋	70
刺芹	296
刺花莲子草	58
刺萼龙葵	222
阿拉伯婆婆纳	194
肿柄菊	278
肥皂草	90
金合欢	122
金腰箭	274
苦苣菜	272
齿裂大戟	106
细叶旱芹	292

9画

美洲商陆	98
牵牛	204
草胡椒	16
荆豆	144
毒麦	40
欧洲千里光	266
扁穗雀麦	30
洋金花	208
钻形紫菀	236
香膏萼距花	152
秋英	250

10画

圆叶牵牛	206
皱果苋	74
臭荠	162

11画

黄顶菊	256
野甘草	190
野西瓜苗	168

野茼蒿	252
野燕麦	24
野胡萝卜	294
野老鹳草	150
野塘蒿	244
鸭嘴花	180
蛇婆子	172
曼陀罗	210
豚草	232
假高粱	50
假马鞭草	200
假酸浆	212
假烟叶树	220
假臭草	264
银花苋	80
银合欢	126
银胶菊	262
梨果仙人掌	86

12画

阔叶丰花草	178
斑地锦	112
棕叶狗尾草	48
喀西茄	216
紫茎泽兰	226
紫苜蓿	128
紫茉莉	96
黑麦草	38
落葵薯	82
婆婆纳	196
铺地黍	44
猩猩草	104
短柄吊球草	182

13画

意大利苍耳	288
蒺藜草	32

14画

裸柱菊	270

赛葵 ·································· 170
蓖麻 ·································· 116
聚合草 ·································· 174
熊耳草 ·································· 230

15画
墨苜蓿 ·································· 176

16画
薇甘菊 ·································· 260

17画
繁穗苋 ·································· 64

19画
藿香蓟 ·································· 228

植物学名索引

A

Abutilon theophrasti Medic. ·············166

Acacia farnesiana (L.) Willd. ···········122

Adhatoda vasica Nees ·················180

Aegilops tauschii Coss. ···············22

Ageratina adenophora (Sprengel) King
et Robinson ·····················226

Ageratum conyzoides L. ···············228

Ageratum houstonianum Miller. ·········230

Agrostemma githago L. ···············88

Alternanthera philoxeroides (Mart.) Griseb. ·····56

Alternanthera pungens H. B. K. ·········58

Amaranthus lividus L. ···············60

Amaranthus palmeri S. Watson ·········62

Amaranthus paniculatus L. ···········64

Amaranthus polygonoides L. ···········66

Amaranthus retroflexus L. ···········68

Amaranthus spinosus L. ·············70

Amaranthus tricolor L. ·············72

Amaranthus viridis L. ·············74

Ambrosia artemisiifolia L. ···········232

Ambrosia trifida L. ···············234

Anredera cordifolia (Tenore) Steenis ·······82

Apium leptophyllum (Pers.) F. J. Muell. ex Benth.
·····························292

Aster subulatus Michx. ·············236

Avena fatua L. ···················24

Axonopus compressus (Swartz) Beauv. ·······26

B

Bidens frondosa L. ·················238

Bidens pilosa L. ··················240

Brachiaria mutica (Forsk.) Stapf ·······28

Brassica kaber (DC.) L. Wheeler ·······160

Bromus catharticus Vahl. ···········30

C

Cabomba caroliniana Gray ···········14

Cannabis sativa L. ···············146

Cassia mimosoides L. ···············124

Cenchrus echinatus L. ···············32

Cenchrus incertus M. A. Curtis ········34

Chenopodium hybridum L. ···········76

Chromolaena odorata (L.) King et Robinson ··242

Conyza bonariensis (L.) Cronq. ········244

Conyza canadensis (L.) Cronq. ········246

Conyza sumatrensis (Retz.) Walker ········248

Coronopus didymus (L.) J. E. Smith ·······162

Cosmos bipinnata Cav. ·············250

Crassocephalum crepidioides (Benth.) S. Moore
·····························252

Cuphea balsamona Cham. et Schlecht. ········152

D

Datura metel L. ·················208

Datura stramonium L. ·············210

Daucus carota L. ···············294

Dysphania ambrosioides (L.) Mosyakin et
Clemants ·····················78

E

Eichhornia crassipes (Mart.) Solms ·······20

Erigeron annuus (L.) Pers. ···········254

Eryngium foetidum L. ·············296

Euphorbia cyathophora Murr. ·········104

Euphorbia dentata Michx. ···········106

Euphorbia heterophylla L. ···········108

Euphorbia hirta L. ·············110

Euphorbia maculata L. ·············112

Euphorbia nutans Lag. ·············114

F

Flaveria bidentis (L.) Kuntze ·········256

G

Galinsoga parviflora Cav. ···········258

Gaura parviflora Dougl. ···········154

Geranium carolinianum L. ···········150

Gomphrena celosioides Mart. ·········80

H

Hibiscus trionum L. ·····168
Hordeum jubatum L. ·····36
Hyptis brevipes Poit. ·····182
Hyptis suaveolens (L.) Poit. ·····184

I

Ipomoea cairica (L.) Sweet ·····202
Ipomoea nil (L.) Roth ·····204
Ipomoea purpurea (L.) Roth ·····206

L

Lantana camara L. ·····198
Lepidium virginicum L. ·····164
Leucaena leucocephala (Lam.) de Wit. ·····126
Lolium perenne L. ·····38
Lolium temulentum L. ·····40

M

Malvastrum coromandelianum (L.) Gareke ·····170
Medicago sativa L. ·····128
Melilotus albus Medic. ex Desr. ·····130
Melinis repens (Willd.) Zizka ·····42
Mikania micrantha H. B. K. ·····260
Mimosa bimucronata (DC.) Kuntze ·····132
Mimosa diplotricha C. Wright ex Sauvalle ·····134
Mimosa pudica L. ·····136
Mirabilis jalapa L. ·····96

N

Nicandra physaloides (L.) Gaertn. ·····212

O

Oenothera biennis L. ·····156
Oenothera rosea L'Hér. ex Aiton ·····158
Opuntia dillenii (Ker-Gawl.) Haw. ·····84
Opuntia ficus-indica (L.) Mill. ·····86
Oxalis corymbosa DC. ·····102

P

Panicum repens L. ·····44
Parthenium hysterophorus L. ·····262
Paspalum conjugatum Bergius ·····46
Passiflora foetida L. ·····118
Passiflora suberosa L. ·····120
Peperomia pellucida (L.) Kunth ·····16
Physalis peruviana L. ·····214
Phytolacca americana L. ·····98
Pilea microphylla (L.) Liebm. ·····148
Pistia stratiotes L. ·····18
Plantago lanceolata L. ·····186
Plantago virginica L. ·····188
Praxelis clematidea (Crisebach) King et Robinson ·····264

R

Richardia scabra L. ·····176
Ricinus communis L. ·····116

S

Saponaria officinalis L. ·····90
Scoparia dulcis L. ·····190
Senecio vulgaris L. ·····266
Senna tora (L.) Roxb. ·····138
Setaria palmifolia L. ·····48
Solanum aculeatissimum Jacq. ·····216
Solanum capsicoides All. ·····218
Solanum erianthum D. Don ·····220
Solanum rostratum Dunal. ·····222
Solanum torvum Swartz. ·····224
Solidago canadensis L. ·····268
Soliva anthemifolia (Juss.) R. Br. ·····270
Sonchus oleraceus L. ·····272
Sorghum halepense (L.) Pers. ·····50
Spartina alterniflora Loisel ·····52
Spartina anglica C. E. Hubb. ·····54
Spermacoce latifolia Aublet ·····178
Stachytarpheta jamaicensis (L.) Vahl. ·····200

Stellaria apetala Ucria ex Roem. ·············· 92

Symphytum officinale L. ···················· 174

Synedrella nodiflora (L.) Gaertn. ·············· 274

T

Tagetes patula L. ··························· 276

Talinum paniculatum (Jacq.) Gaertn ········· 100

Tithonia diversifolia A. Gray ················ 278

Tragopogon dubius Scop. ···················· 280

Tridax procumbens L. ······················ 282

Trifolium pratense L. ······················ 140

Trifolium repens L. ························· 142

U

Ulex europaeus L. ·························· 144

V

Vaccaria segetalis (Neck.) Garcke ············ 94

Veronica arvensis L. ························ 192

Veronica persica M. Pop. ···················· 194

Veronica polita Pries ······················· 196

W

Waltheria indica L. ························· 172

Wedelia trilobata (L.) Hitchc. ················ 284

X

Xanthium glabrum (DC.) Britton. ············· 286

Xanthium italicum Moretti ··················· 288

Z

Zinnia peruviana (L.) L. ···················· 290

著者・監修者・翻訳者略歴

著者：万方浩（うあん　ふぁんはう）

1955年生まれ。現在、中国農業科学院植物保護研究所生物侵入研究室主任。専門は生物侵入、分子生態、生物防御等の研究。中国植物保護学会副理事長、北京市昆虫学会副理事長、中国昆虫学会および中国生態学会常務理事、中国植物保護学会生物侵入分会主任などを兼務。

著者：劉全儒（りゅう　ちぇんる）

1963年生まれ。北京師範大学生命科学学院副教授。専門は植物分類学、植物資源学と植物区系地理学などの教育と研究。北京植物学会常務理事、世界自然保護連盟（IUCN）中国植物専門家組織員と中国生物多様性保護と緑色発展基金会専門家委員会委員。国家、省、国際協力など、数多くの活動に参加している。

著者：謝明（しぇ　みん）

1983年福建農林大学を卒業。2003年中国農業科学院・大学院修了、博士。現在中国農業科学院副研究員。専門は生物侵入と害虫生物防御の研究。現在中国農業科学院植物保護研究所侵入生物防止技術課題の責任者でもある。

監修者・翻訳者：林蘇娟（りん　すぅじゅぁん）

1982年南京大学生物学部植物学科を卒業後、福建師範大学生物学部植物学科助教を経て、1992年東京大学理学系大学院研究科植物学専攻を修了。理学博士。米国ミズーリ植物園、立教大学を経て、2002年より島根大学生物資源科学部准教授、2003年より鳥取大学大学院連合農学研究科准教授併任、現在島根大学生物資源科学部教授、専門は植物系統分類学。訳書に、『文明与植物進化』（日本語版；「文明が育てた植物たち」、岩槻邦男著）、2001年、云南科技出版社。著書に、『進化－宇宙のはじまりから人の繁栄まで』、岩槻邦男他共著、2000年、研成社。Morphological and cytological variations on Japanese-*Dryopteris varia* group (Dryopteridaceae). In『Pteridology in New Milliennium, Subhsh C. and Mrittunjai S.(Eds.)』、Iwatuki K. and Kato M. 共著、2003、Kluwer Academic Publishers. The Netherlands。『Lindseaceae（中国植物志；英文版）』第2巻・第3巻、Dong S. 他共著、2013年、科学出版社、ミズーリ植物園、ほか。

翻訳者：林元寧（はやし　まさやす）

2011年多摩美術大学情報デザイン学科卒業。デザイナー活動を経て、2015年京都大学大学院人間・環境学研究科・外国語教育論専攻修士課程修了、修士。2015年4月より京都府日星高校教諭を経て、現在京都市立堀川高校教諭を務める。

侵略的外来植物図鑑
－中国における代表的142種－

2016 年 8 月 25 日　初版第 1 刷発行

著　者　　万方浩　劉全儒　謝明　等
監　修　　林蘇娟
翻　訳　　林蘇娟　林元寧
発行者　　向安全
発　行　　科学出版社東京株式会社
　　　　　〒 113-0034 東京都文京区湯島 2 丁目 9-10　　石川ビル 1 階
　　　　　TEL 03-6803-2978　　FAX 03-6803-2928
　　　　　http://www.sptokyo.co.jp
装丁・本文デザイン　周玉慧
印刷・製本　　シナノ パブリッシング プレス

ISBN 978-4-907051-41-9　C0045
『生物入侵　中国外来入侵植物図鑑』Original Chinese Edition © SCIENCE PRESS, 2012.
All Rights Reserved.
乱丁・落丁本は小社までご連絡ください。お取り替えいたします。
禁無断掲載・複製。